AF438313

HISTOIRE

NATURELLE

DE L'AIR

ET

DES MÉTÉORES.

Par M. l'Abbé RICHARD.

TOME SECOND.

A PARIS,

Chez SAILLANT & NYON, Libraires,
rue Saint Jean-de-Beauvais.

M. DCC. LXX.

Avec Approbation, & Privilege du Roi.

TABLE DES TITRES

DU TOME SECOND.

DISCOURS TROISIEME.

THÉORIE GÉNÉRALE DE L'AIR.

Seconde partie.

HISTOIRE

HISTOIRE
NATURELLE
DE L'AIR
ET
DES MÉTÉORES.

DISCOURS TROISIEME.
THÉORIE GÉNÉRALE
DÉ L'AIR.

SECONDE PARTIE.
§. I.

Idée générale sur la matière de
l'Air,

LES observations différentes que
nous avons déja réunies sur l'air

Tom. II.   A

& fes effets fur les corps, par rapport aux régions fituées fous la ligne & entre les tropiques, nous apprennent que c'eft un mixte léger, fluide, pénétrant, capable de compreffion & de dilatation, qui couvre le globe jufqu'à une certaine hauteur; que ce mixte eft un affemblage de parties très-ténues, qui conftituent enfemble une maffe fluide dans laquelle on vit & que l'on refpire.

Ces mêmes obfervations nous conduifent encore à concevoir dans l'air deux fubftances, l'une fimple & homogène, que l'on peut appeller l'air élémentaire proprement dit; matière fubtile, fluide & élaftique, qui eft vraiment la bafe de l'air de l'atmofphère, le principe de fon action & de fon mouvement, & que l'on ne peut diftinguer de la matière de la lumière ou du feu qui émane continuellement des corps céleftes, puifqu'elle eft la même, modifiée par les corps ignées & lumineux. L'autre fubftance dont l'air eſt compoſé, eſt ce nombre infini de particules hétérogènes, qui s'élèvent en forme de vapeurs ou d'exhalaiſons ſèches de la terre, de l'eau, des minéraux, des végétaux & des animaux, ſoit par la chaleur du ſoleil, celle des feux ſouterrains ou des foyers artificiels, ſoit par l'action de cette matière ſubtile que nous admettons comme la baſe de l'air, & qui eſt généralement répandue (*a*).

Ces premières notions nous apprennent d'abord, que l'air dans ſon acception ordinaire, eſt bien éloigné de la ſimplicité d'une ſubſtance élémentaire, quand nous ne ſçaurions pas, par une infinité d'expériences & d'obſervations ; que ſes qualités & ſes effets varient ſenſiblement, non-ſeulement dans les climats éloignés les uns des au-

---

(*a*) *Voyez* le diſcours ſur l'élément ou la matière, tom. I.

tres , mais ſouvent à une très-
grande proximité , comme nous
l'avons déja remarqué en plus d'une
occaſion.

Il n'y a donc pas moyen d'examiner l'air ſeul & épuré de toutes les matières qui y ſont mêlées,
& par conſéquent on ne peut pas
dire quelles ſeroient ſa nature &
ſes propriétés particulières , abſtraction faite de toutes les ſubſtances
hétérogènes qui ſont confondues
dans ſa maſſe, parce qu'on n'a pas
encore reconnu qu'il exiſtât quelque
part pur de tout mêlange. Il eſt même
probable que l'on ne pourroit pas vivre dans un air auſſi ſubtil, qu'on ne
peut concevoir que comme l'éther ,
ou cette ſubſtance fluide & active
répandue dans tout l'eſpace des régions céleſtes , qui s'inſinue par-
tout , ainſi que nous l'avons dit
plus haut , & dont l'action n'eſt
nulle part plus ſenſible que dans
l'atmoſphère où nous vivons; qui
tient dans un état continuel de
mouvement & de fluidité , cet

amas de particules différentes de toutes les espèces des corps que le feu peut volatiliser, qui s'élèvent dans l'air, & qui le modifient de manière à entretenir en nous le principe de la vie & du mouvement. Car, quoique nous sçachions très-peu de choses sur la nature & la substance de l'air, que l'expérience ne nous ait, jusqu'à présent, fait connoître que ses qualités principales, telles que sa fluidité, sa pesanteur, son élasticité ; que ses autres modifications acciden-telles ne nous soient connues que par conjecture, cependant l'usage nous a convaincu que nous ne pouvons pas vivre dans un air autrement modifié que celui où nous sommes, & que c'est le mê-lange dans une juste proportion de toutes les substances différentes dont il est composé, qui l'établit dans la température qui nous convient le mieux. Or, c'est le feu ou la matière subtile dont l'impulsion agit généralement sur tous les

A iij

corps, qui en répand les particules les plus légères dans l'atmoſphère. On doit donc la regarder commé un compoſé de molécules extraites de toutes les matières qui appartiennent au règne minéral ; elles peuvent être converties en fumées, & dès-lors ſe volatiliſer : il n'y en a pas moins de celles qui appartiennent au règne animal ; les émanations abondantes qui ſortent perpétuellement du corps des animaux, par la tranſpiration qu'opère ſans ceſſe la chaleur vitale, portent dans l'air pendant le cours entier de la vie d'un animal, plus de particules de ſa ſubſtance, qu'il n'en faudroit pour récompoſer pluſieurs corps ſemblables ; on en peut juger par la promptitude avec laquelle les cadavres ou toutes autres matières animales expoſées à l'air, ſe décompoſent, s'évaporent & ſe diſſipent. Les ſubſtances végétales, ſoit par leur tranſpiration, ſoit par leur corruption, n'y envoient pas moins de corpuſcules ;

les fels s'y répandent & s'y uniffent les uns aux autres de manière à former dans l'air, par la rencontre fortuite des différens efprits falins, des fels nouveaux & qui ne font point connus fur la terre. Ainfi on voit des vitrages d'anciens bâtimens, corrodés comme s'ils avoient été rongés par les vers; quoique fuivant l'obfervation de M. Boyle, aucun des fels connus ne foit capable en particulier de produire cet effet. Les foufres font auffi une partie confidérable de la fubftance aërienne; mettant à part cette multitude de volcans répandus dans tout le globe, & qui en vomiffent des torrens, on retrouve dans la plus grande partie des corps, des foufres extrêmement volatils. Toutes ces fubftances fi étrangères entr'elles, font unies & contenues en maffe par les vapeurs aqueufes, plus fouples, plus liquides, plus capables de recevoir & de conferver l'efprit ignée du foleil, ou le fluide fubtil, & de le

leur communiquer ; c'eſt par ce
moyen qu'une circulation générale
unit tous les ouvrages de la Nature entr'eux : formés originairement d'une même matière différemment modifiée, le même agent
qui les tire de leurs matrices, les
y rapporte , & ſert également à la
production des minéraux, à la végétation des plantes & à la con-
ſervation de la vie des animaux.
C'eſt ſous cette conſidération générale, que l'air eſt l'agent le plus
univerſel & le plus fort qu'il y ait
dans la Nature , c'eſt ſon inſtrument principal dans toutes ſes opérations ſur la ſurface de la terre
& dans ſon intérieur ; rien ne
peut être produit, vivre ou croître ſans air : la méchanique de la
reſpiration & de la vie des poiſ-
ſons , ne conſiſte qu'à tirer de l'eau
l'air qui y eſt renfermé. L'air n'eſt
donc pas un fluide preſqu'entièrement privé d'action , tel que la
plupart des anciens l'ont cru. La
force de la poudre à canon , ſi

étonnante, n'eſt que la force de l'air : chaque grain de poudre en renferme une portion; il y en a encore dans les vüides que les grains laiſſent entr'eux ; & quand la poudre s'enflamme, les reſſorts de toutes les petites maſſes d'air ſéparées, ſe dilatent, ſe débandent tous enſemble, & ſont la cauſe de tant d'effets prodigieux; car ce qui eſt viſible dans la poudre, ne ſert qu'à allumer un feu qui mette l'air en action, après quoi c'eſt lui ſeul qui eſt l'ame de tout. Il faut donc concevoir dans l'air deux ſubſtances, l'une ſimple & néceſſaire, qui fait que l'air ſe reſſemble par-tout, au moins à l'extérieur; l'autre fort compoſée, qui conſtitue les qualités particulières de l'atmoſphère des diverſes régions, & même les différences qui s'y trouvent d'un lieu à un autre : elle eſt tout-à-fait accidentelle, & peut varier à chaque inſtant.

Mais l'air a d'autres qualités

A v

eſſentielles : il eſt élaſtique, peſant, fluide, tranſparent ; il faut les établir, & continuant enſuite nos obſervations, voir le plus ou le moins d'effet de ces qualités dans les zones différentes ; le rapport qu'elles ont entr'elles ſous l'équateur & aux poles ; l'état moyen où elles ſont dans la zone tempérée, où tantôt on éprouve les froids rigoureux des terres polaires, tantôt des chaleurs plus vives que ſous l'équateur.

§. II.

Qalités eſſentielles de l'Air ; élaſticité.

L'élaſticité de l'air eſt une de ſes qualités primitives d'où réſultent un grand nombre de ſes effets : elle eſt inaltérable, quelque temps qu'elle ſoit arrêtée ; on a beau comprimer l'air & le reſſerrer dans le plus petit eſpace poſſible, & avec des forces qu'il ne peut vaincre de lui-même, son ressort ne s'affoiblit point, même par la contraction la plus forte & la plus longue. M. de Roberval rapporte qu'étant très-jeune, il avoit chargé à l'ordinaire un mousquet à vent, & que l'ayant laissé sans y toucher seize ans entiers, son effet avoit été aussi prompt & aussi marqué que s'il eût été chargé la veille. Ainsi l'air renfermé dans les intervalles qui se trouvent entre les parties des corps solides, ne donne aucune marque d'élasticité, mais elle n'en est pas moins entière; que les obstacles qui l'empêchent d'agir soient enlevés, il déploie sa force avec la plus grande promptitude. & son action répond toujours à sa quantité & à son état de compression ; c'est ce qui prouve que de toutes les substances élastiques, l'air est celle qui l'est le plus essentiellement. Tous les autres corps élastiques, quoiqu'ils n'exercent cette vertu que par l'action d'un autre corps sur eux, ne font pas regardés comme moins élastiques dans leur état de repos que dans leur état de mouvement; mais ils n'agiffent pas d'eux-mêmes, il leur faut un principe étranger de dilatation & d'action; au lieu que l'air l'a dans lui-même, fi marqué qu'on pourroit regarder fon élasticité comme la fource d'où cette même qualité fe communique à tous les autres corps; dès qu'il eft en liberté, il déploie naturellement cette propriété. Que l'on mette fous le récipient de la machine pneumatique un vafe plein d'eau, auffi-tôt que l'air extérieur en a été pompé, on en voit fortir de nou-velles particules d'air qui s'agitent d'elles-mêmes & déploient leurs refforts dans toute la maffe de l'eau, dont les parties n'étant plus comprimées par la colomne d'air extérieur, laiffent à celui qu'elles renfermoient, une entière liberté pour s'échapper.

Cette force élastique s'accroît par la condensation & la raréfaction. On ne peut pas décider ſi dans l'un & l'autre cas les effets ſont égaux; l'air condenſé dans le mouſquet à vent, chaſſe une balle de plomb avec une force preſque ſemblable à celle de la poudre à canon: mais les ſuites de la raréfaction ſont encore plus étonnantes; c'eſt par un effet de chaleur que la poudre à canon s'enflamme & donne lieu à la prodigieuſe action de l'air qu'elle contient. Si l'on approche du feu une veſſie légèrement enflée & bien fermée, l'air raréfié par la chaleur ſe dilate au point qu'il fait crever la veſſie. C'eſt par la même cauſe que l'air renfermé dans les cavités de la terre, & échauffé par des incendies locaux, ſe raréfie au point de forcer tous les obſtacles qui s'oppoſent à ſon échappement; il lance à une très-grande diſtance les corps les plus ſolides & les plus peſants après les avoir briſés; & ordinairement on y remarque les veſtiges du feu qui a dilaté l'air.

On ne ſait pas encore à quel degré on peut porter la condenſation de l'air ou ſa raréfaction ; c'eſt un ſecret que la Nature ſemble s'être réſervé : on ſait ſeulement que dans la condenſation, l'air réduit en quelque ſorte à ſes ſeules parties élémentaires, & dépouillé de toute ſubſtance hétérogène, n'eſt pas ſujet à ſe corrompre ; c'eſt pour cela que dans les pays les plus froids où il trouve des obſtacles continuels dans les matières glacées de l'évaporation, à ſe diviſer & à s'étendre, il eſt plus pur & ſon état eſt plus conſtant. M. Boyle réfléchiſſant ſur les qualités de l'air ainſi modifié, éprouva que la viande peut ſe conſerver très-long-temps dans un air comprimé ; cette découverte parut nouvelle & intéreſſante, quoique les Indiens du Pérou fuſſent depuis long-temps dans l'uſage de jouir de ce bienfait ſans s'inquiéter de ſa cauſe : ils conſervent encore leurs proviſions de viande, dans les cavités qui fe trouvent dans leurs montagnes toujours couvertes de neige. Par-tout, à moins que la chaleur ne foit exceffive, l'air comprimé refte dans l'état où il étoit lorfqu'on l'a renfermé ; il ne caufe aucune altération aux fubftances qu'il enveloppe immédiatement , parce qu'il n'a aucune communication avec l'air extérieur : l'art le plus fimple a reconnu cette propriété. Les Bédas , efpèce de fauvages que l'on croit defcendus des Tartares , & qui vivent dans les forêts de Ceilan fans aucun commerce avec les naturels de l'ifle qu'ils évitent , confervent leur gibier dans le miel où il ne fe corrompt pas.

On n'a rien négligé pour découvrir jufqu'à quel point l'air peut fe dilater lorfqu'il eft entièrement libre, & qu'il ne fe trouve comprimé par aucune force extérieure. Les grands phénomènes de la Nature où il eft l'agent principal ,

ont dû exciter la curioſité, depuis
ſur-tout qu'on s'applique à les connoître : mais cette recherche eſt
ſujette à trop de difficultés pour
qu'on puiſſe eſpérer de les vaincre toutes ; parce que notre atmoſphère étant compoſée, comme nous
l'avons dit, de divers fluides élaſ-
tiques qui n'ont pas tous la même
force, ſi l'on demande combien
l'air pur & ſans mêlange, ou tel
qu'il eſt modifié, peut ſe dilater ; il faudroit pour réſoudre
cette queſtion, faire des expériences ſur un air effectivement pur,
ou au moins d'une température
toujours égale, ce qui ne paroît
pas poſſible. Auſſi ce problême eſt
l'un de ceux qui ont le plus exercé
les Phyſiciens, & à la ſolution duquel ils ne peuvent pas ſe flatter
d'être arrivés, quoique le célèbre
Muſſchenbroek ait conclu de quelques expériences peu ſûres, que
l'air qui eſt proche de notre globe
peut ſe dilater juſqu'à s'étendre

dans un espace quatre mille fois plus grand que celui qu'il occupoit.

Quelle doit donc être la ténuité de ses parties ? quelle est leur forme ? Elles ne peuvent pas tomber sous les sens ; mais par les grands effets qu'elles produisent, & par la manière dont elles agissent, on conjecture qu'elles font en même temps pliantes & roides, qu'elles se replient sur elles-mêmes, & se roulent comme autant de petits ressorts, qu'elles se débandent aussi, & s'étendent dès qu'elles en ont la liberté. Cette première vue sert d'abord à rendre raison des températures variées de chaque région du globe, ou du rapport qu'elles ont entr'elles, & sur lesquelles doit beaucoup influer le développement des parties élémentaires de l'air, qui est facilité, diminué, ou même tout-à-fait arrêté par les substances hétérogènes, qui s'élèvent du sol, de ses productions ou des eaux de différentes qualités ; mais

c'eſt ce dont on s'eſt le moins occupé. Les parties de l'air conçues ſous
la forme que nous venons de rapporter, l'on a conclu qu'il étoit
capable de ſoutenir de grands poids;
& pour voir ſi l'expérience prou-
voit qu'il eût cette force, on a
rempli de liqueurs des tuyaux
ſeulement ouverts par un de leurs
bouts, & en tenant ce bout fermé
avec le doigt, on l'a plongé dans
un vaiſſeau plein de la même liqueur & expoſé à la libre action
de l'air, on l'a tenu perpendiculairement le bout fermé en haut,
& on a reconnu que la ſeule action de l'air tenoit la liqueur à
une certaine hauteur dans le tuyau,
ſans qu'elle s'échappât par le bout
ouvert pour ſe remettre de niveau
avec la liqueur du vaiſſeau où il
étoit plongé. On a fait la même
expérience avec des tuyaux de différentes groſſeurs, & la liqueur
s'eſt toujours ſoutenue à la même
élévation, parce qu'elle étoit contre-
balancée par une colonne d'air à

proportion plus forte. On a essayé
si elle réussiroit de même dans des
lieux bien fermés, pour découvrir
si c'étoit à la pesanteur ou au ressort de l'air qu'il falloit immédiatement rapporter la suspension de la
liqueur; pour s'assurer si le poids
contribuoit à l'élasticité, on a réitéré
l'expérience à différentes hauteurs;
enfin on s'est servi de tuyaux de
figures variées; on a employé des
liqueurs de divers poids : de-là
on a passé aux solides, & l'on a
trouvé le moyen de faire soutenir
à l'air des plaques de marbre ou
d'acier très-polies, appliquées l'une
sur l'autre, à l'inférieure desquelles
on a encore suspendu plusieurs
poids, & toujours on a trouvé le
même effet de la cause supposée.
C'est avec ces soins que l'on a vé-
rifié ses conjectures, & que l'on
est arrivé à rendre sensible par les
effets, une cause que l'on ne pouvoit pas découvrir autrement,
quelque attention que l'on y ap-
portât.

Mais comme il y a peu de faits en physique si bien décidés, qu'ils n'y ait toujours lieu à la révision, & qu'il est difficile que les secrets de la Nature, lorsqu'on croit les saisir le mieux, n'échappent par quelque endroit ; il n'est pas étonnant que les expériences que l'on fait pour s'éclaircir sur un sujet, produisent elles-mêmes de nouvelles difficultés : en matière de physique, il s'en fait une génération continuelle, & il ne faut pas prétendre les épuiser entièrement.

On a observé que l'humidité apportoit de grands changemens à la vertu élastique de l'air, qu'elle étoit beaucoup plus grande lorsqu'il étoit plus humide, ou ce qui revient au même, qu'il se raréfioit davantage dès qu'il avoit la liberté de s'étendre (*a*). Pour expliquer cette nouvelle hypothèse, on a

____

(*a*) Mémoires de l'Académie des Sciences, année 1708.

changé la forme du reſſort de l'air, on n'y a plus admis ni de lames pliées qui s'ouvrent, ni de ſpires qui ſe déroulent, ni rien d'équivalent. Si l'on a conſervé le terme de reſſort, c'eſt pour que la nouvelle propoſition n'eût pas l'air d'un paradoxe étrange & qui eût revolté : mais on a admis de ſimples petites molécules flottantes, dans la matière éthérée, infiniment plus ténues que les anciennes lames ou ſpires & toujours fort agitées ; d'autant plus écartées les unes des autres, & ce qui a l'apparence d'une vertu élaſtique d'un reſſort proprement dit, tendant d'autant plus à s'écarter que cette matière éthérée qui remplit leurs intervalles eſt plus abondante, & ſe meut avec plus de rapidité, car c'eſt d'elle ſeule que leur vient toute la force qu'elles ont pour faire impreſſion ſur d'autres corps.

Cette hypothèſe, dit-on, pourroît donner plus de facilité à rendre raiſon des degrés de la dila-

tation de l'air , sans imaginer des
spires , des lames, un reflort, &c.
On expliqueroit aifément pourquoi
l'humidité augmente à un fi haut
degré les effets que l'on atrribuoit
au reffort de l'air : on ne feroit
plus en peine de fçavoir comment
ce reffort peut agir dans de grandes raréfactions , où il ne paroît
pas poffible que les parties de l'air
fe touchent & s'appuient les unes
fur les autres.... Mais dans l'hypothèfe des parties fpirales , n'ad-
met-on pas également une matière
éthérée qui fe gliffe dans leurs intervalles , facilite leur développement, par l'appui qu'elle leur donne & par fa propre action? La première hypothèfe conferve à l'air
fon élafticité proprement dite , &
donne le moyen d'en expliquer les
effets connus par l'expérience ; la
feconde peut donner une idée peut-
être plus fimple de la raréfaction
de l'air , mais elle tend à lui enlever fa vertu élaftique fi bien prou-
vée. Nous ne prétendons pas au

reste étendre les conséquences de cette hypothèse plus loin qu'elles ne doivent aller ; mais si elles nous présentent une vérité physi-que, elle ne paroît pas être de celles auxquelles le temps doive donner beaucoup de maturité : le fonds de la question restera toujours dans l'obscurité, on ne connoîtra jamais que par conjecture la forme des particules de l'air.

Mais quelque parti que l'on prenne, il ne sera pas moins cons-tant que toujours l'air conserve son ressort, parce que ses parties organiques restant essentiellement les mêmes, elles ne peuvent souf-frir aucune altération qui change leur nature. Il y a des cas où elles sont prodigieusement étendues, elles semblent avoir perdu toute leur force élastique ; il y en a d'autres où elles sont repliées sur elles-mê-mes autant qu'il est possible qu'el-les le soient, elles se trouvent en-vironnées d'une matière étrangère qui les comprime au point qu'elles semblent n'avoir plus qu'une dureté solide & impénétrable sans aucun ressort. N'est-ce pas à l'effort que fait l'air pour sortir de cet état que l'on doit attribuer sa prodigieuse expansion lorsqu'on l'extrait de certains corps? Il prend alors un volume si considérable, qu'il excède de deux ou trois cens fois le corps dans lequel il étoit renfermé & dont il faisoit partie. Il sort d'un demi-pouce cubique de bois de chêne, cent-vingt-huit pouces cubiques d'air ; celui que l'on tire de la pâte fermentée, des fruits, de la plupart des végétaux, se porte dans les parties voisines de l'atmosphère avec tant d'abondance, qu'il éteint le feu, suffoque les animaux, & répand une odeur pénétrante qui n'est occasionnée que par la division des particules intégrantes des corps dans lesquels il étoit renfermé, qu'il entraîne en se développant & qu'il décompose

pose (*a*). C'est sur-tout dans les pays situés entre les tropiques que l'air exerce cette force étonnante ; on peut en juger par les qualités qu'il contracte en détruisant une multitude de corps où il étoit comprimé ; qualités nuisibles sur-tout à ceux qui ne sont pas habitués à vivre dans une atmosphère chargée de tant de matières hétérogènes. Dans nos climats la Nature moins prodigue & plus sage, agit avec une lenteur régulière ; là elle est presque toujours extrême dans ses effets, elle achève avec précipitation des corps qu'elle détruit aussi promptement qu'elle les a produits ; ils n'arrivent ici à leur perfection que par une longue suite d'années ; mais ils la conservent plus long-temps.

Ne pourroit-on pas demander

(*a*) *Voyez* les observations sur la Physique & l'Histoire & Naturelle, par M. de Secondat, *in-12*, *Paris*, 1750.

Tome I I.   B

encore fi l'élafticité de l'air n'eft pas le moyen par lequel la lumière fe réfléchit? Cette faculté que l'on fuppofe à l'air, eft la principale caufe qui éclaire les objets fi uniformément de tous les côtés : fi elle manquoit, il s'enfuivroit une étrange altération dans leurs apparences ; les ombres feroient fi noires, & les côtés éclairés par le foleil feroient fi brillans, que probablement on ne pourroit voir que leur moitié éclairée, de forte que pour voir l'autre, il faudroit la placer à la lumière directe du foleil, ou attendre que cet aftre, en tournant, vînt l'éclairer ; il y auroit même des objets que leur pofition condamneroit à des ténèbres éternelles ; fans cette réflexion des parties de l'air, l'atmofphère, tout-à-fait tranfparente ou tout-à-fait obfcure, auroit paffé fubitement des ténèbres à la lumière, & de la lumière aux ténèbres après le lever du foleil & fon coucher, fans aucun crépufcule. Les organes de la vue auroient-ils pu réfifter à ces changemens fubits, & n'en auroient-ils pas été fort incommodés (*a*)? Les Européens qui ont vécu fous l'équateur, fe plaignent de la brièveté des crépufcules de ces climats dans lefquels on paffe prefque dans un moment de la lumière du jour à l'obfcurité de la nuit. Que feroit-ce donc s'il n'y en avoit point du tout? Au refte, cette queftion eft de pure fpéculation. L'expérience ne conftatera jamais les inconvéniens qui réfulteroient d'un femblable état des chofes, mais elle peut entrer dans les preuves de l'élafticité de l'air.

On tire une autre preuve de cette qualité première de l'air, de la théorie des fons, & de la manière dont ils fe communiquent. On ne peut concevoir l'air en tant que véhicule du fon, que comme un affemblage d'une infinité de

____

(*a*) Obfervations fur la Phyfique & l'Hiftoire Naturelle, *Paris*, 1750.

B ij

particules de différente élasticité,
dont les vibrations font analogues
par leur durée , à celles des différens tons du corps fonore. Entre
toutes ces particules, il n'y a que
celles de même efpèce, de même
durée de vibration & à l'uniffon
du corps fonore qui puiffent retenir les vibrations femblables de
ce corps & les tranfmettre jufqu'à
l'oreille ; mais il faut néceffairement qu'elles foient élaftiques. Or
les différens tons qui modifient
les fons , ne conduifent-ils pas à
une forte induction de l'égalité des
parties intégrantes de l'air, du moins
en ce qui regarde leur élafticité,
ou la vîteffe différente des vibrations dont elles font capables , &
cette différence en fuppofe une
autre , comme caufe ou dans la
figure , ou dans la groffeur , ou
dans le tiffu plus ou moins ferré
de chaque particule. Il fe peut faire
auffi qu'elle foit l'effet de toutes
les trois enfemble ; mais fi on fuppofe toutes ces particules de mê-

me figure & de semblable matière, l'inégalité des vibrations n'en-
traîne-t-elle pas l'inégalité des groffeurs ? Et comme la conféquence
eft réciproque, on peut dire que
fi les particules d'air font de différentes groffeurs, & avec cela
toutes élaftiques ; elles font donc
auffi de différens refforts, & leur
vibrations ou alternatives de compreffion & de dilatation, font de
diverfes durées, & répondent à
des tons variés (*a*). On doit ajouter
encore que les modifications accidentelles dont l'atmofphère eft
fufceptible, eu égard aux matières
hétérogènes dont elle fe charge
inégalement, donnent plus ou
moins de facilité au développement des refforts, à la force des
vibrations, & dès-lors aux fons
qui varient à proportion de fon
état. On reconnoît d'où part tel

____

(*a*) *Voyez* les Mémoires de l'Académie
des Sciences, année 1737, pag. 3 & 20.

ſon , mais il eſt plus ſourd ou plus perçant relativement à la diſpo-ſition de l'air , à la compreſſion ou à la dilatation où il ſe trouve lorſqu'il eſt produit. Quant au ſon en général , au bruit dans lequel on ne diſtingue rien de précis , parce qu'il n'a point de cauſe dé-terminée , il eſt l'effet d'une vibra-tion univerſelle , du frémiſſement de toute la maſſe de l'air qui ne peut être qu'une ſuite de ſon élaſ-ticité. C'eſt ainſi que ſe terminent à une très-grande diſtance les ſons les plus diſtincts , par un bruit confus , produit par une ſuite du mouvement de l'air , qui ne cauſe plus qu'une ſenſation imparfaite , dont on a peine à conjecturer la cauſe.

§. III.

De la pesanteur de l'Air.

L'air est pesant, cette qualité lui est commune avec tous les fluides : il est une substance élémentaire, une modification générale de l'élément, & la pesanteur peut être regardée comme une propriété essentielle à la matière. La philosophie moderne a démontré que tous les effets que l'ancienne physique attribuoit à l'horreur de la Nature pour le vuide, ne devoient être rapportés qu'à la pesanteur de l'air : une infinité d'expériences le prouvent. On sçait encore que sa pesanteur est augmentée par les exhalaisons & diminuée par les vapeurs, qu'elle varie perpétuellement suivant les différens degrés de chaleur ou de froid ; c'est ce qui fait qu'il est très-difficile d'établir quelque chose de certain sur le poids de l'air à cause des

variations qu'il éprouve , & des
températures différentes, qui, dans
certaines régions, se succèdent si
rapidement. »M. Homberg a vuidé
» d'air un ballon de verre rond ,
» d'environ vingt pouces de diamè-
» tre ; après cent trente coups de
» piston , ayant fermé exactement
» le robinet du ballon, il l'a pesé
» vuide d'air, il l'a pesé une seconde
» fois après avoir fait rentrer l'air : en
» été il pesoit plein d'air deux onces
» & demie plus que vuide d'air.
» La même expérience réitérée en
» hiver & de la même manière,
» le ballon plein pesoit trois on-
» ces deux gros plus que vuide
» d'air « (a). On peut conclure de
ces expériences que l'air qui nous
environne est plus comprimé en
hiver qu'en été , & qu'une même
étendue en contient davantage
lorsqu'il gêle que lorsqu'il fait

____

(a) Histoire & Mémoires de l'Académie
des Sciences, année 1696.

chaud : voilà donc ce qui rend l'air plus pesant dans un temps que dans un autre, effet que l'on doit attribuer à sa condensation, ainsi que nous le dirons plus bas, & au lieu où les expériences se font. Car la partie inférieure de l'atmosphère étant principalement chargée de vapeurs & d'exhalaisons, souvent plus dans un endroit que dans un autre, il n'est pas douteux que ces substances étrangères à l'air ne changent quelque chose dans la proportion établie de son poids ; aussi la densité d'un volume d'air pris à la surface de la terre, est deux fois plus grande que la densité d'un volume égal, pris à la moitié de la hauteur de l'atmosphère, parce que le premier volume est pressé par une colonne d'air deux fois plus haute, & par conséquent deux fois plus pesante que celle qui presse le second. Il est vrai que pour une parfaite exactitude, il faut concevoir les deux volumes infiniment petits, ce qui

B v

peut rendre la denfité de chacun, uniforme ; encore faudroit-il pour la fûreté de l'expérience , que les denfités de l'air fuffent toujours & par-tout proportionnelles aux poids comprimans ; car que l'on conçoive une denfité parfaite , c'eft-à-dire , toutes les parties propres de l'air auffi près les unes des autres qu'elles le peuvent jamais être, on aura beau augmenter le poids, il ne fera plus d'effet (a). Or l'air peut être ainfi difpofé, & dès-lors que devient la certitude des expériences ?

Néanmoins l'atmofphère étant compofée de molécules qui fe compriment à différens degrés , il en réfulte que chaque couche d'air, chargée du poids des couches fupérieures , en eft comprimée , & que par conféquent les couches inférieures doivent l'être beaucoup

---

(a) Mémoires de l'Académie, année 1716 , pag. 40.

plus que les supérieures. Ainsi l'air
se condensant en proportion des
poids dont il est chargé , si l'on
conçoit la hauteur de l'atmosphère , comme divisée par bandes d'é-
gale épaisseur , la densité de ces
bandes doit croître en proportion
géométrique ; en sorte que la bande plus voisine de la terre fût la
plus dense. Mais cette règle ne
peut avoir lieu par-tout ; l'air est
continuellement agité dans le bas
de l'atmosphère , où la chaleur
agit plus irrégulièrement que vers
le haut, où la contrariété des vents
est plus fréquente, où l'air est continuellement chargé de celui qui
se dégage de différens corps , &
enfin où il cherche toujours un
équilibre qu'il ne trouve jamais ,
ce qui occasionne une multitude
de mouvemens opposés entr'eux.
Vers le haut l'état de l'air est plus
permanent, les vents y sont plus
tranquilles & s'y contrarient moins ;
outre cela, tout l'air également
élastique s'étant placé à une cer-

taine diſtance de la terre, y doit compoſer une couche aſſez épaiſſe d'une denſité régulière & permanente. C'eſt ce que l'on éprouve ſur les ſommets les plus élevés; mais cet air pur, bien loin d'être le plus propre à la vie & à la reſpiration des animaux, ou à l'entretien de la végétation, eſt d'une activité tout-à-fait deſtructive. En conſidérant l'air dans ces différentes poſitions, on ſent & on conçoit que ce n'eſt pas gratuitement que l'on ſuppoſe que les molécules dont ſa maſſe eſt compoſée, ſont ſuſceptibles de différens degrés de compreſſibilité, & qu'elles ne ſont pas égales en force ou en grandeur. Une égalité parfaite qui ne ſe rencontre preſque jamais dans les ouvrages de l'art, ſe trouve encore moins dans ceux de la Nature. M. Leibnitz ſoutenoit que dans tout ce qui peut paroître le plus reſſemblant, on ne peut trouver deux êtres parfaitement ſemblables; peut-être même ſeroit-il impoſſible de prouver par quelque fait que cette aſſertion n'eſt pas généralement vraie (*a*).

Quoique les vapeurs & les exhalaiſons augmentent le poids de l'air, néanmoins on obſerve conſtamment que le mercure eſt plus élevé dans le baromètre par un ciel ſerein & lorſque l'air paroît le plus pur, que lorſqu'il eſt chargé de nuages & pluvieux. Ce phénomène peut avoir pluſieurs cauſes : d'abord il eſt certain que la force des vents peut beaucoup faire varier le poids de l'air dans certaines contrées. Deux vents ſoufflans en direction contraire, raſſembleront & condenſeront une plus grande quantité d'air dans un eſpace limité, & rendront ainſi cette portion de l'atmoſpère plus peſante : au contraire, le vent courant par une ſeule direction, peut en quelque ſorte

____

(*a*) *Voyez* les Mémoires de l'Académie des Sciences, année 1753, pag. 40.

ſoulever une partie de l'atmoſphère & diminuer de beaucoup le poids de la colonne d'air. C'eſt ce que l'on a pluſieurs fois éprouvé ; un vent artificiel met quelque différence dans la hauteur du baromètre voiſin de l'endroit où il eſt excité. Outre cela, plus les exhalaiſons terreſtres, les particules nitreuſes & ſalines & les autres matières qui ſe répandent dans l'atmoſphère, ſont ſèches, plus elles augmentent ſa peſanteur : acquérant par ce moyen plus de poids & de force, elle ſoutient & porte plus aiſément, & à une plus grande hauteur, les vapeurs dont l'air eſt pénétré, & dans cet état le ciel paroît pur, le ſoleil brille de tout ſon éclat, l'atmoſphère a toute ſon étendue ; la colonne d'air eſt reſpectivement plus peſante, parce qu'elle eſt plus haute dans un temps ſerein, que lorſque les vapeurs, n'étant plus ſoutenues dans leur état de diviſion, ſe condenſent, ſe réuniſſent, & retombent en

pluie, ou font prêtes à reparoître
fous cette forme. Dans ce cas l'atmofphère, relativement à nous, eft
plus abaiffée, parce que les nuages
la divifent, fupportent une partie
de l'air fupérieur & diminuent
plus de fon poids, qu'ils ne gra-
vitent fur la partie inférieure de
l'atmofphère, fuivant la loi des
corps en mouvement. En un mot,
plus un fluide eft denfe & compacte, plus fa preffion eft grande;
plus il eft rare & léger, moins il
comprime les corps qu'il touche :
ainfi quand le mercure eft haut
dans le baromètre, c'eft que l'air
qui appuie fur le réfervoir du mercure, le comprime fortement, &
que cet air a beaucoup de denfité.
Alors il fait beau, parce qu'un air
denfe eft un fluide dans lequel les
vapeurs & les exhalaifons mifes en
mouvement par la matière fubtile
ignée, s'élèvent fort haut, & fe
foutiennent difperfées en particules invifibles & tranfparentes dans
la région fupérieure de l'atmofphè-

re. Le mercure baisse au contraire lorsqu'il se trouve environné d'un air rare & vain, qui n'a point de consistance ou qui ne le presse que foiblement. Un air ainsi modifié n'a pas la force de soutenir les vapeurs à une grande élévation : elles s'abaissent, se rassemblent & forment des nuages qui flottent jusqu'à ce que leur propre poids l'emportant sur la résistance de l'atmosphère, ils se divisent, laissent échapper la matière ignée qu'ils renfermoient, & retombent en pluie, ou quelquefois en gouttes séparées & presque insensibles.

M. Leibnitz donne une raison très-ingénieuse des différens degrés de la pesanteur de l'air : il prétend qu'un corps étranger qui nage dans un liquide pese avec lui & fait partie de son poids total tant qu'il y est soutenu ; mais que s'il cesse de l'être & qu'il tombe, dès-lors son poids ne fait plus partie du liquide qui par-là vient à peser moins. Cela s'applique de soi-mê-

me aux vapeurs aqueufes & aux
exhalaifons, elles augmentent le
poids de l'air s'il les foutient, il
diminue s'il les laiffe tomber ; &
comme il peut arriver que les vapeurs les plus élevées, s'abaiffent
long-temps avant que de fe joindre aux inférieures, la pefanteur de
l'air diminue avant qu'il ne pleu-
ve, & l'abaiffement du mercure
dans le baromètre l'annonce (*a*).
Quand même il ne pleuvroit pas,
le baromètre ne rendroit pas en
ce cas une raifon moins exacte de
l'état de l'air, parce que des vents
fort bas peuvent entraîner dans
leur cours les vapeurs raffemblées
dans la région inférieure de l'atmofphère, les diffiper ou les porter plus loin, & empêcher que la
pluie annoncée ne tombe. Ainfi on
peut rendre quelque raifon d'un phénomène affez difficile à expliquer,

----

(*a*) Mémoire de l'Académie des Sciences,
année 1711, pag. 3 & fuivantes.

des variations de l'air fur le baromètre. Au refte les obfervations
que l'on peut faire à ce fujet font
plus conjecturales que certaines,
d'autant plus que rarement elles
fe correfpondent, & que toutes les
pofitions, quelque femblables qu'elles paroiffent, ne font pas également
favorables pour les faire de
manière à pouvoir y compter.

Malgré la pefanteur de l'air fi
bien établie, les fubftances molles
en foutiennent la preffion fans que
leur forme en foit changée, & les
corps les plus fragiles fans en être
brifés, parce qu'ils en font foutenus en même-temps de tous les
côtés. L'air a fon poids fpécifique
comme l'eau a le fien : on pèfe
aifément l'eau en la tranfportant
dans l'air, ce que l'on ne pourroit
faire au milieu de la maffe de l'eau
d'où on l'a puifée. Il s'enfuit par
la même raifon que l'air n'eft pas
pefant au milieu de l'air même,
non plus qu'aucun autre fluide, au
milieu du fluide de la même ef-

pèce : aussi est-ce un principe que
les fluides agissent également &
en tout sens sur les corps qu'ils environnent ; leur effet est donc une
pression universelle & non pas un
poids proprement dit qui se fasse
sentir de haut en bas. Il est vrai
que plus la masse totale du fluide
est pesante & plus cette pression
est forte ; mais sa pesanteur n'est
qu'une qualité première, ainsi que
sa densité, au lieu que la pression
qui en résulte est la cause immédiate de ces effets que l'on attribue ordinairement à la seule pesanteur. Il y a plus, c'est cette pression qui empêche que les vaisseaux
artériels des plantes & des animaux ne soient excessivement dif-
tendus par l'impétuosité des sucs
qui y circulent, ou par la force
élastique de l'air, dont le sang
renferme une quantité considérable. C'est par la même raison que
les fluides ne transpirent & ne s'é-
chappent pas à travers les pores
des vaisseaux qui les contiennent :

fi cette caufe ceffe d'agir, il n'y a plus d'équilibre, & on en reffent auffi-tôt les plus triftes effets. C'eft ce qu'éprouvent les voyageurs qui paffent de la région de l'atmofphère où ils ont coutume de vivre dans des lieux fort élevés, où l'air, exceffivement raréfié & prefqu'entièrement dégagé de vapeurs & d'exhalaifons, n'a plus le même poids. La plupart des Américains, en paffant de la plaine du Pérou fur les montagnes, font faifis d'une difficulté de refpirer fort incommode, & qui eft fuivie de vomiffemens qui les affoibliffent ; les Efpagnols l'ont éprouvé de même ; il eft vrai qu'un ou deux jours après, ils font habitués au changement d'air & que ces accidens s'anéantiffent ; la même chofe arrive aux animaux renfermés fous le récipient de la machine pneumatique, après que les premiers coups de pifton ont ôté à l'air toutes fes parties les plus groffières.

La différence entre le poids & la preſſion de l'air que les corps ſoutiennent en divers temps, eſt ſi grande, que malgré l'habitude où l'on eſt de paſſer ſucceſſivement par les variations de l'atmoſphère, on en eſt vivement affecté, & que ſouvent même la ſanté en eſt altérée. On ne s'en étonnera pas ſi l'on conſidère que les corps ſoutiennent en certains temps, un poids que l'on eſtime à quatre mille livres plus que dans d'autres, & ces changemens ſont quelquefois ſi prompts, qu'il y a plutôt lieu d'être ſurpris que le tiſſu des parties n'en ſoit pas entièrement briſé, ſur-tout dans les corps tendres & délicats. Les vaiſſeaux devroient être tellement reſſerrés par cette augmentation de poids, que le ſang reſteroit ſtagnant, & la circulation ceſſeroit tout-à-fait, ſi la Nature n'avoit ſagement pourvu à cet inconvénient, en rendant la force contractive du cœur d'autant plus grande, que la réſiſtance qu'il a

à surmonter de la part des vaiffeaux eſt plus forte. En effet , dès
que le poids de l'air augmente,
les lobes du poumon ſe dilatent
davantage , & dès-lors le ſang
y eſt plus parfaitement diviſé, de
forte qu'il devient plus propre pour
les ſecrétions les plus ſubtiles ,
même pour celle du fluide nerveux
dont par conſéquent l'action doit
contracter le cœur avec plus de
force (a). De plus , le mouvement
du ſang étant retardé vers la ſurface du corps , il doit paſſer en
plus grande abondance au cerveau
ſur lequel la preſſion de l'air eſt
moindre qu'ailleurs , étant ſoute-
nu par la voûte oſſeuſe dont il
eſt couvert : ainſi la ſecrétion & la
génération des eſprits ſe fera dans
le cerveau avec plus d'abondance ,
& conſéquemment le cœur aura
plus de force pour porter le ſang

(a) Dictionnaire Encyclopédique, art.
Atmoſphère.

dans les vaisseaux où il pourra passer librement, tandis que ceux qui seront proches de la surface seront resserrés. On conçoit que tous ces mouvemens, qui ne sont pas ordinaires & qui changent de force & de vîtesse très-fréquemment, causent un dérangement sensible dans les corps délicats qui ne peuvent pas souffrir ces alternatives sans en être fort incommodés. Ils tombent alors dans un état convulsif, ou qui en approche, sur-tout dans le temps des orages, lorsque la température change d'un moment à l'autre, & que la pression de l'air éprouve les mêmes vicissitudes, ou dans les saisons extrêmes, dans l'excès du froid comme dans celui du chaud. Il n'y auroit qu'un juste milieu & un air presque toujours également modifié dans un climat fort tempéré, qui pût assurer à ces individus foibles, ou affoiblis par les suites de maladies longues & souvent incurables, une sorte de tranquillité & de bien-être, que les variations de l'air leur enlèvent à chaque inftant. Au refte, cet état de langueur ou de fouffrance eft prefque toujours l'effet d'une molleffe outrée, ou d'un intempérance habituelle; une vie laborieufe & frugale a d'ordinaire, pour partage, une fanté indépendante des changemens de l'atmofphère.

Cependant, la preffion de l'air plus ou moins grande, peut occafionner des différences accidentelles dans l'état du fang; elle peut le rendre plus ou moins épais, & le refferrer dans un plus petit efpace, ou lui en faire occuper un plus grand dans les vaiffeaux où il entre. Car l'air qui eft renfermé dans le fang, conferve toujours l'équilibre avec l'air extérieur qui preffe la furface du corps, & fon effort pour fe dilater, eft toujours égal à celui de l'air extérieur pour le comprimer; de manière que fi la preffion de l'un diminue, l'autre s'étend à proportion, & donne au fang beaucoup plus de volume qu'auparavant. Il devient

devient alors susceptible de la plus grande raréfaction, au point de briser les vaisseaux les moins solides, ou de gêner tellement les organes de la respiration, qu'ils ne jouent plus qu'avec une très-grande difficulté, ainsi que l'éprouvent ceux qui passent de la région inférieure de l'atmosphère, où communément l'air est pesant & condensé, au sommet des montagnes élevées, où il est plus léger & plus subtil.

Quelque sensible que soit ce que nous venons de rapporter sur le poids & la pression de l'air, cependant ce n'est que par des expériences multipliées & une longue suite d'observations, que les modernes se sont assurés que l'air qui touche la surface de la terre est le plus condensé, puisqu'il est chargé du poids de tout l'air supérieur, & qu'à mesure qu'il s'élève, il devient plus raréfié, jusqu'à ce qu'enfin à la surface la plus haute de l'atmosphère il ait toute son extension naturelle. On a reconnu, par les mêmes moyens, combien étoit peu fondée l'opinion des anciens, qui plaçoient le feu dans la troisième région de l'air. Les plus hauts points du globe sont ceux où l'air est le plus froid : les Espagnols qui voulurent passer du Pérou au Chili par les sommets de la Cordillière, furent saisis d'un froid si vif, qu'ils furent glacés sur le champ eux & leurs montures ; on prétend même qu'on en retrouve encore dans la même attitude où ils étoient lorsqu'ils furent pénétrés par le froid, sans que leurs cadavres aient éprouvé aucune altération depuis près de deux siècles. En général, le décroissement de la chaleur est proportionné à l'augmentation du degré de hauteur (*a*). Le docteur Thomas Heberden s'est convaincu qu'en montant sur la cime de Pico-Ricco, montagne de l'une des

______

(*a*) Transact. Philosophiques, art 17, année 1766.

Açores, que l'on croit avoir cinq
mille cent quarante-un pieds Anglois d'élevation, le thermomètre
de Farenheit eſt deſcendu d'environ un degré par cent quatre-vingt-
dix pieds. Ce que l'on éprouve ſenſiblement ſur les plus hautes montagnes, c'eſt que l'air y eſt trop
actif, & qu'il incommode par un
excès de pureté & de fluidité. Dans
les régions d'une hauteur moyenne, dans les terrains élevés & ſecs,
l'air eſt généralement ſain ; il y eſt
moins chargé d'exhalaiſons impu-
res & de ſubſtances hétérogènes, que
dans les lieux bas & marécageux,
ou dans le voiſinage des grandes
villes. Quand on quitte les plaines
de Lombardie pour pénétrer dans
l'épaiſſeur des Alpes, on ſent qu'il
devient plus frais & plus ſalubre.
Il eſt vrai que l'on s'y habitue par
degrés, & que chaque bande de
l'atmoſphère ayant ſes qualités propres, étant chargée de différentes
exhalaiſons, quand on monte inſenſiblement, la température ne

C ij

varie pas tout d'un coup & de manière à incommoder. Le changement se fait imperceptiblement;
ainsi on s'y accoutume, & souvent
on trouve dans une autre température la santé que l'on n'avoit per-
due que par l'effet de certaines influences qui lui étoient contraires.
Les habitans du Piémont sont quelquefois attaqués de fièvres opiniâ-
tres qui résistent à tous les secrets
de la médecine, & que l'on ne
peut guérir qu'en faisant passer les
malades en Savoie : l'air pur & léger des Alpes suffit d'ordinaire pour
leur rendre la santé.

On ne doit cependant pas conclure de tout ce que nous avons dit
sur le poids de l'air, que si l'atmosphère étoit par-tout de la même
température, l'air de la région supérieure seroit toujours le plus raréfié, parce qu'il est le moins comprimé. Les expériences & les observations nous apprennent que l'air
supérieur peut être beaucoup plus
condensé par le froid que l'air in-

férieur ne l'est par la pression, comme celui-ci peut être beaucoup plus raréfié par la chaleur, que l'autre ne le seroit par la liberté qu'il a de s'étendre. Dans ce cas, l'air des régions les plus élevées sera plus pesant que celui du plus bas étage de l'atmosphère, & l'équilibre étant rompu, le premier descendra & le second montera ; c'est sans doute ce qui cause ces variations de température si sensibles dans les lieux élevés & même dans les plaines qui sont au-dessous des hautes montagnes (*a*) ; & c'est ce qui fait que l'on peut difficilement compter sur les indications que donne la hauteur du mercure dans le baromètre, pour se décider sur le poids réel de l'air & l'élevation de l'atmosphère.

(*a*) Transactions Philosophiques, anné 1766, art. 24.

§. IV.

Fluidité & transparence de l'Air.

Aucune qualité de l'air n'est plus constante & plus sensible que sa fluidité : la facilité qu'ont tous les corps à le traverser, la propagation des sons, des odeurs & des émanations de toutes sortes qui s'échappent des corps; tous ces effets désignent un fluide dont les parties cédent au plus léger effort, & sont elles-mêmes très-susceptibles de mouvement. C'est encore ce qui fait concevoir comment l'air presse les corps dans toutes sortes de directions, & avec la même force, en haut & en bas, latéralement & obliquement, ainsi que l'expérience le démontre dans tous les fluides. La matière subtile, éthérée, répandue dans l'air, produit & entretient sa fluidité; plus elle y est abondante,

plus il est mobile, fluide & perméa-
ble; & sa température est toujours
proportionnée à l'action de la matière subtile, augmentée ou diminuée, relativement aux différentes
positions du soleil. C'est le juste
mêlange de cette matière avec toutes les autres substances hétérogènes
dont l'atmosphère est composée,
qui nous rend la fluidité de l'air
vraiment utile. Différemment modifié, l'ordre des choses change :
sur les sommets des plus hautes
montagnes, les sensations de l'ouïe,
de l'odorat, du goût, & les autres,
se trouvent plus foibles, & se perdent en quelque façon ; l'air trop
dégagé des émanations différentes
dont il est chargé dans une région
plus basse, conserve bien la même
fluidité, peut-être est-elle plus parfaite dans cet état de raréfaction
que dans aucun autre ; mais il n'a
presque plus de poids sensible, &
il faut que la pesanteur soit jointe
à la fluidité pour déterminer l'action
d'un corps sur un autre, & par ce

C iv

moyen produire les fensations. C'eſt pour cela que ſur les montagnes les plus élevées, ſur le pic de Ténériffe, les ſubſtances qui ont le plus de faveur, telles que le poivre, le gingembre, l'eſprit de vin, le ſel, ſont preſqu'inſipides, parce que faute d'un agent qui applique leurs particules ſur la langue, & qui les faſſe entrer dans ſes pores, elles ſont repouſſées & diſſipées par la chaleur même de la bouche : la ſeule ſubſtance qui y retienne ſa ſaveur, eſt le vin de Canarie; ſa qualité onctueuſe, qui le fait adhérer fortement au palais, lui conſerve ſon effet & ſon goût.

Le feu qui brûle du bois s'éteint, & la flamme ſe diſſipe, ſi l'on en éloigne l'air, parce qu'alors il n'y a plus rien qui puiſſe appliquer les corpuſcules du feu contre ceux de la ſubſtance combuſtible, & empêcher la diſſipation de la flamme; ainſi la cauſe pour laquelle l'air entretient & redouble la violence des flammes, au point qu'une étincelle fuffit quelquefois pour embrâfer des forêts entières, eft une preuve de fa fluidité, en même-temps qu'elle en développe le principe. Une quantité de particules ignées nagent difperfées dans la maffe de l'atmofphère; tout ce qui s'en trouve à portée de celles dont l'agitation a commencé l'incendie, s'y joint en foule; & tant qu'il refte quelque matière combuftible, le même mouvement fe tranfmet à d'autres par une communication fuivie; ce n'eft qu'après avoir confumé toute la matière inflammable, qu'elles ceffent d'agir & de brûler. Voila pourquoi les vents irritent la fureur des flammes, & en étendent fi loin les ravages. Pour empêcher qu'elles ne fe ralentiffent dans les forges, les foufflets fuppléent à l'action des vents: les flots d'air qu'ils y verfent, augmentent le nombre & l'agitation des particules ignées, en même-temps qu'elles facilitent le développement de celles que renferme le charbon. C'eft ainfi que l'air

C v

que nous refpirons, anime le fang
par le fluide éthéré dont il le pénètre ; fluide dont l'ardeur eft tempérée par le liquide dans lequel il
nage, & qui lui fert de véhicule
& d'enveloppe, mais qui répand
dans toute la machine animale une
chaleur bienfaifante, principe de
la vie & du mouvement (*a*).

Ce fluide, ainfi modifié, eft néceffaire à chaque inftant pour re-
médier à l'exceffive raréfaction que
le fang prendroit de lui-même, &
très-promptement, par le mouvement continuel de fermentation où
il eft, foutenu par le broyement &
la diffolution où le mettent le frottement des parties folides contre
lefquelles il vient heurter. Cette
liqueur graffe & onctueufe eft toujours bouillante ; il faut toujours la
rafraîchir, parce que fi elle paffoit
un certain degré de dilatation, elle

____

(*a*) L'Anti-Lucrèce, l. 5, art. 3, de la
traduction de M. de Bougainville.

briseroit les vaisseaux dans lesquels elle circule ; c'est dans cette précision que consiste la juste proportion de la force des fluides & de celle des solides, dont la machine de l'animal est composée : l'air seul y entretient un équilibre toujours prêt à finir. Les défaillances où l'on tombe pour être dans un air trop chaud, ou pour respirer des odeurs trop fortes, viennent, selon M. Helvétius, d'une raréfaction du sang, subite & extrême ; aussi remarque-t-il que les parties extérieures sont alors gonflées, les vaisseaux trop tendus, & qu'un air froid remédie à tous ces inconvéniens (*a*).

Il semble que ce soit pour cette fin que l'air & l'eau se dissolvent l'un dans l'autre, & contribuent ainsi à entretenir leur fluidité mutuelle ; au moins ces modifications combinées de l'élément nous inté

____

(*a*) Mémoires de l'Académie des Sciences, ann. 1718, pag. 21.

ressent si particulièrement, que nous ne pouvons pas considérer avec trop de reconnoissance les sages dispositions de l'Intelligence suprême, qui entretient ce méchanisme admirable.

L'air s'unit si intimément à l'eau, & à quelques autres liqueurs, qu'il semble s'y fondre. Cette dissolution peut être comparée à celle des sels, en ce que si l'eau en est suffisamment imprégnée, elle n'en absorbe plus qu'avec beaucoup de difficulté. Mais plus elle a bouilli, plus elle reprend avidement de l'air nouveau; & cet air qui la pénètre, parce qu'il y est contraint autant par la cause de sa fluidité, que par la pesanteur de la colonne supérieure d'air, tend à se rejoindre au fluide duquel il a été séparé dès qu'il est délivré du poids qui le contraignoit. Ainsi dans la machine du vuide, lorsque l'on a pompé à peu près la moitié de l'air contenu dans le récipient, l'eau bouillonne, il s'en élève des bulles d'air comme

fi elle étoit fur le feu; & fi on continue à tirer l'air, on voit fortir ces
bulles encore en plus grand nombre, jufqu'à ce qu'enfin la matière
aërienne foit épuifée. La dilatation
que la chaleur du feu excite dans
l'eau, fait le même effet. Le bouillonnement de l'eau n'eft autre chofe
que la raréfaction des particules
aëriennes qu'elle renferme, qui,
vivement agitées par le feu, reprennent leur extenfion; & fe dé-
gagent malgré la preffion de l'air
fupérieur. Mais il femble que l'eau
devroit ceffer de bouillir avant que
d'être entièrement évaporée, parce
que ces particules ne peuvent pas
être fi long-temps à s'épuifer ! Cela
arriveroit en effet, fi malgré fon
mouvement d'effervefcence, l'eau
ne continuoit d'attirer l'air, & d'en
recevoir toujours une certaine quantité, jufqu'à ce que l'action du feu
n'ait entièrement détruit la cohé-
fion des particules de l'eau, qui, à
mefure qu'elles fe détachent de fa
furface agitée, s'évaporent & s'u-

niſſent à la maſſe de l'air. D'ailleurs
cette matière ſubtile, qui eſt le
principe de l'élaſticité de l'eau &
de ſa fluidité, ne s'en ſépare qu'autant que les parties intégrantes de
l'eau ſe diſſipent : elle leur reſte
unie, tant qu'elles conſervent leur
forme naturelle ; & c'eſt pour cela
que l'eau continue de bouillir juſqu'à ſa dernière goutte, lorſque la
raréfaction portée à un degré extrême, ſe termine par une évaporation totale. Quelques phyſiciens
prétendent qu'après que la matière
aërienne eſt épuiſée, il reſte encore
dans l'eau un autre fluide plus tenace & plus actif, qu'ils appellent
la matière fulminante, & qui cauſe
le bouillonnement de l'eau ſur la
fin, parce qu'elle ne ſe dilate qu'à
une plus grande chaleur. Il y a bien
de l'apparence, diſent-ils, que ces
efferveſcences, ſi connues dans la
chymie, & qui ſont produites par
le mêlange de certaines liqueurs,
viennent de ce que ce mêlange détruit, de quelque façon que ce ſoit,

les obstacles qui s'opposoient à l'éruption de cette matière, & lui rend la liberté de se dilater. Mais supposé que cette matière fulminante existe, peut-elle être autre chose qu'une certaine quantité de fluide éthéré, ou électrique, rassemblée par un frottement continuel des parties qui le renfermoient, les unes contre les autres ?

Si l'eau attire l'air, on peut dire aussi que l'air attire l'eau, & qu'elle se dissout dans l'air. Le vent est par rapport à ce fluide, ce qu'est le feu dans d'autres circonstances. J'ai souvent observé, par une grande pluie chassée violemment par un vent de midi contre des fenêtres, avec quelle promptitude la vapeur aqueuse pénétroit par les pores du verre, se condensoit ensuite, & se réunissoit en gouttes sensibles, que la chaleur de l'air de la chambre faisoit bientôt évaporer. Un autre effet plus sensible du vent se remarquoit sur les gouttes qui s'élevoient de bas en haut, en se glissant entre le verre & le bois du chassis : le vent les portoit alors à la plus grande extension dont elles fussent susceptibles, une goutte à peine visible prenoit très-rapidement, en une minute environ, un volume plus de huit cens fois plus gros que celui qu'elle avoit au premier instant où elle étoit apperçue, après quoi elle crevoit, & se répandoit en vapeur légère & insensible dans l'atmosphère de la chambre, dont l'humidité augmentoit à proportion. Tant que la pluie dura, le vent agit de même sur les gouttes disposées de manière à s'opposer à son passage. Cette opération se faisoit avec un bruit distinct de bouillonnement, & la rupture de la vésicule aqueuse, extrêmement raréfiée, étoit accompagnée d'un bruit semblable à celui qu'excite la vibration d'un petit ressort d'acier agité sur lui-même. S'il est vrai que l'air ait huit cens fois moins de densité que l'eau, il semble que la dilatation de ces gouttes, telle que

je l'ai obfervée, étoit portée à fon
plus haut point avant qu'elles ne fe
rompiffent : & ce qui m'affuroit
que c'étoit la même goutte qui fe
raréfioit, c'eft qu'auffi-tôt qu'elle
s'étoit diffipée dans l'air, il en re-
paroiffoit une nouvelle au même
endroit, qui éprouvoit la même
modification. Le poids de l'air augmentoit alors fenfiblement, parce
que la divifion des corps, quelle
qu'elle puiffe être, ne change rien
à la gravité fpécifique de la matière, quoique fa furface foit confidérablement augmentée ; ainfi feize
balles de plomb, d'une once chacune, pèfent autant dans l'eau qu'un
boulet d'une livre, dont la furface
eft beaucoup moins étendue.

Il faut donc que l'eau pour fe
répandre & fe foutenir dans l'atmofphère, parvienne au degré du poids
fpécifique de l'air, parce qu'un
fluide plus denfe ne peut pas fe
foutenir & nager dans un fluide
plus rare, à moins qu'il ne foit
raréfié ou étendu au point de preffer

fur une quantité de ce même fluide plus pefante qu'il n'eft ; fans quoi ils fe déchirent & fe divifent mutuellement, & le plus pefant fe filtre au travers de l'autre. C'eft par cette raifon que les vapeurs & les exhalaifons raréfiées pendant le jour par la chaleur du foleil, s'élèvent & fe foutiennent à une certaine hauteur de l'atmofphère, jufqu'à ce que la fraîcheur de la nuit, interrompant leur mouvement, les condenfe affez pour les rendre fpécifiquement plus lourdes que l'air qui les foutenoit, & pour accélérer leur chûte.

La tranfparence de l'air eft une preuve de fa parfaite fluidité : par lui-même il ne tombe pas fous les fens ; la préfence de la lumière ou du corps lumineux eft ce que l'on apperçoit d'abord dans l'air ; fon abfence eft la caufe de l'obfcurité. Ainfi, l'air étant le milieu dans lequel nous voyons tous les objets, il doit être tout-à-fait tranfparent, net & fans couleurs, & dès-lors parfaitement fluide. A travers d'un verre jaune ou rouge, tous les objets paroiffent teints de la même couleur : les corps tranfparens mais fenfibles, le font moins que le milieu dans lequel on les voit ; nous n'appercevons pas l'air dans l'air, nous ne diftinguons pas l'eau de l'eau, mais le cryftal dans l'eau, parce qu'il eft moins diaphane, & l'eau dans l'air. Cependant le corps le plus tranfparent, vu en ligne droite, & par un grand efpace, prend l'apparence d'un corps dur & opaque, quoiqu'il ne lui arrive point de condenfation nouvelle, qui ne fe fait que par l'addition & la réunion des parties les unes aux autres ; mais il fe fait une condenfation apparente par la fucceffion des parties en ligne droite : c'eft par cette raifon que l'air éloigné femble coloré, tandis que la partie de l'atmofphère dans laquelle on eft immédiatement, conferve toute fa tranfparence.

Cette couleur bleue que l'on apperçoit au haut de l'air dans un temps serein, & à laquelle on donne le nom de voûte azurée, n'a donc point de réalité, & ne teint pas cet espace immense que nous appellons le ciel : c'est la vaste profondeur de l'air qui produit cet effet ; les parties dont il est composé, quoique de la plus grande ténuité, & tout-à-fait insensibles, sont cependant contigues, & dans la longueur de l'espace qu'elles occupent, elles acquièrent une opacité qui devient d'autant plus réelle, que l'on est plus éloigné du point sur lequel on fixe ses regards. Les objets les mieux éclairés, très-visibles, & d'une couleur tranchante, deviennent obscurs & enfin tout-à-fait invisibles aux yeux les plus sains & les plus perçans ; le terme d'une certaine distance est une confusion générale, & un obscurcissement réel qui ne permet plus de distinguer ni même d'appercevoir les objets. Ainsi une épaisse colonne d'air, quoique toutes ses parties

foient également éclairées par le foleil, interpofée entre la vue & l'objet à voir, forme une obfcurité impénétrable à la lumière même la plus
vive. C'eft pourquoi le fluide le plus
tranfparent devient opaque contre
fa première qualité & la plus fimple, & n'eft fenfible que par cette
couleur azurée qui paroît répandue
dans toute la région fupérieure de
l'air. Moins l'atmofphère eft chargée de vapeurs, plus cette couleur
eft vive, & tient de la nature même de la lumière. En Perfe, & dans
toutes les régions où l'air eft fec &
pur, le ciel brille d'un éclat plus
vif, & il paroît plus élevé parce
que les bornes de la vue font plus
reculées, & que les objets fe décou-
vrent de plus loin. Il n'en eft pas
de même dans les pays où l'évaporation eft forte & continuelle, &
lorfque les vapeurs commencent à
fe condenfer: la couleur bleue s'ob-
fcurcit, parce que les vapeurs réunies abforbent plus de rayons lumineux qu'elles n'en réfléchiffent.

Cependant l'air n'eſt jamais entièrement déchargé de vapeurs & d'exhalaiſons; c'eſt même la cauſe pour
laquelle la lumière s'y modifie toujours d'une manière uniforme. Ainſi
une mer calme & profonde nous
paroît un fluide azuré dans un repos parfait.

L'air conſidéré dans cet état n'a
donc aucune couleur; l'azur dont
il paroît teint, n'eſt qu'un effet des
rayons lumineux qui éprouvent
différentes réfractions, & qui deviennent obſcurs à force d'être re-
doublés. Ce qui le perſuade, c'eſt
que cette couleur n'eſt jamais plus
vive que lorſque la lumière ayant
tout ſon éclat, ne permet pas que
l'on voie le fond d'obſcurité que
doivent cauſer à la longue les vapeurs où les rayons ſe briſent, autrement que mêlé avec la lumière
réfléchie, mais dont une partie eſt
abſorbée; & c'eſt cette partie obſcu-
re, combinée avec la partie éclairée, qui forme cette teinte bleue
dont le fond de l'atmoſphère eſt

coloré. Sous un ciel nébuleux &
obſcur, l'horiſon le plus reculé paroît noir, parce qu'alors les rayons
lumineux, preſqu'entièrement ab-
ſorbés par l'épaiſſeur de l'air, tranſ-
mettent à peine aſſez de lumière
pour annoncer la préſence de l'aſtre
duquel ils partent.

On pourroit demander ſi l'air
n'eſt pas un fluide différent des vapeurs & des exhalaiſons dont il eſt
ordinairement chargé? On peut en
faire abſtraction; mais comme nous
l'avons déja dit, cette matière élémentaire & pure qui entretient la
fluidité dans l'atmoſphère n'exiſte
nulle part ſans mêlange. Elle ſe
trouve quelquefois dans une proportion ſi juſte, qu'alors elle eſt à
ſon degré de perfection & de ſalubrité; c'eſt ce que l'on éprouve
à la ſuite des groſſes pluies mêlées
d'éclairs & de tonnerres, après que
les exhalaiſons enflammées, confondues avec les vapeurs aqueuſes,
ſont tombées ſur la terre en forme
de pluie. On ne remarque pas qu'il

soit arrivé d'autre changement dans l'air, sinon qu'il est purifié : il paroît alors plus léger & plus propre à la respiration ; mais il n'est pas entièrement débarrassé des vapeurs & des exhalaisons qui circulent perpétuellement dans la masse de l'atmosphère : la quantité en est moindre.

§. V.

Etat de l'Air de notre atmosphère.

L'air dans lequel nous vivons, doit être considéré comme le plus hétérogène & le plus impur de tous les mixtes. Les effluences continuelles du sein de la terre, celles de tous les corps qui tombent en pourriture ou en dissolution, les fumées de toutes les espèces, les vapeurs qui s'élèvent des eaux de la mer, des fleuves & des marais ; l'air emporte avec lui toutes ces

matières

matières différentes, ou plutôt c'est leur réunion qui compose la masse de l'atmosphère ; elle est donc chargée de vapeurs & d'exhalaisons de toute espèce, de sels volatils, de particules sulfureuses, métalliques, bitumineuses, oléagineuses, & d'autres sans nombre : l'air est donc plein, imprégné, souillé, si l'on veut, des émanations de tous les corps ; mais ces différentes matières ne sont pas répandues par égales portions, dans la vaste étendue de l'atmosphère, & c'est cette diversité de distribution qui cause la variété des températures. Entrons dans quelque détail.

L'air rempli d'exhalaisons animales, particulièrement de celles qui sont corrompues, a souvent causé des fièvres pestilentielles. Les exhalaisons du corps humain sont sujettes à la corruption ; l'eau où l'on s'est baigné, acquiert par le séjour, une odeur cadavereuse. Il est prouvé que moins de trois mille hommes, placés dans l'étendue d'un arpent de terre, y formeroient dans trente-quatre jours, par leur feule tranſpiration, une atmoſphère d'environ ſoixante & onze pieds de hauteur, laquelle n'étant point diſſipée par les vents, deviendroit peſtilentielle (a). On peut trouver dans cette ſpéculation la cauſe de la continuité, & de l'opiniâtreté des maladies contagieuſes dans les villes conſidérablement peuplées, & de gens qui ſortent peu, dans les priſons trop remplies, & dans les grands hôpitaux.

Quel doit donc être l'état de l'atmoſphère des lieux où il y a autant de monde raſſemblé qu'aux ſpectacles ? elle s'y remplit en peu de temps d'exhalaiſons animales, toujours dangereuſes par la prompte corruption dont elles ſont ſuſceptibles, quand même elles ne ſortiroient que d'individus fort ſains,

***

(a) Dictionnaire Encyclopédique, art. Air.

& d'autant plus abondantes que
les paſſions quelles qu'elles ſoient,
excitent une fermentation plus ſenſible dans le ſang & les humeurs,
& dès-lors une plus grande diſſipation de matières atténuées qui
ſe répandent dans l'air : de ſorte
qu'après une heure, on eſt preſque aſſuré de ne reſpirer plus que
des exhalaiſons humaines ; on admet dans ſes poumons un air infecté ſorti de mille poitrines, la
plupart fétides & corrompues , &
chargé de tous les corpuſcules qu'il
en a enlevés.

Cependant on eſt perſuadé combien il eſt important que l'air que
l'on reſpire ſoit pur & exempt autant qu'il eſt poſſible de tout mêlange de matières nuiſibles ; on eſt
parvenu à faciliter-ſon renouvelle-
ment & ſon cours ; à le rendre
par ce moyen plus ſalubre dans les
ſalles des hôpitaux, dont l'air eſt
preſque toujours mêlé de vapeurs
infectes, qui s'exhalent des corps
des malades, de leurs excrémens,

des remèdes mêmes qu'on est obligé de leur appliquer. On a pris les mêmes précautions pour les vaisseaux, dans lesquels les exhalaisons qui s'échappent sans cesse, des vivres & de la transpiration des hommes & des animaux, jointes à une humidité continuelle, produisent des effets à peu près semblables à ceux contre lesquels on se précautionne dans les hôpitaux. De vrais philosophes animés du zèle le plus respectable pour le bien général de l'humanité, ont porté leurs premiers soins sur les états où les hommes avoient le plus besoin de respirer un air pur, propre à contribuer par son action, à la conservation de leur santé ou à son rétablissement ; sur cette foule de malheureux que la charité publique reçoit dans les hôpitaux, & que la maladie rend plus susceptibles de toutes les impressions extérieures ; sur cette multitude de navigateurs de tout état, qui, renfermés dans un navire

pendant le cours d'une longue tra-
versée, n'ont d'autre séjour que
ses entreponts, & même sont souvent obligés à des travaux péni-
bles, dans les différentes parties
du fond de cale, qui ne reçoivent
que très- peu d'air extérieur, &
que l'humide ambiant contribue à
rendre immobile & stagnant. Ils
ont eu les mêmes attentions pour
ceux qui sont destinés à vivre dans
les mines, ils ont imaginé différens ventilateurs qui rafraîchissent
l'air, l'agitent, le renouvellent,
le purifient, & dont les effets sa-
lutaires prolongent les jours d'une
classe d'hommes laborieux & fort
utiles à la société (*a*). On n'a pas
encore pris les mêmes précautions
pour les salles des spectacles; peut-
être nuiroient-elles à leur perfection, & dans cette crainte on pré-
fère de sacrifier sa santé à son plai-

(*a*) *Voyez* les Mémoires de l'Académie
des Sciences, année 1748, p. 24.

ſir. Le peu de temps que l'on y
paſſe raſſure ſur les dangers que
l'on y court. Il faut convenir qu'ils
ne ſont pas égaux pour tous; mais
il y a des circonſtances, telles que
les commencemens des épidémies,
où la chaleur qui s'y établit inſenſiblement, portée à un haut degré,
peut contribuer à la propagation
du mal, même à l'établir dans des
corps qui n'y avoient qu'une diſ-
poſition très-légère, mais qui s'accroît tout d'un coup, dans un air
qui fournit une température & des
matières favorables à ſon développement; car plus l'air eſt échauffé,
plus promptement il réduit les ſubſtances animales à un état de pu-
tréfaction; & quand il ne ſeroit
pas infecté par tant de cauſes étrangères, ſa chaleur ſeule le rendroit
très-nuiſible aux poumons. On ſçait
par expérience que lorſque l'air
extérieur eſt de pluſieurs degrés plus
chaud que la ſubſtance du poumon,
il faut néceſſairement qu'il cor-
rompe & détruiſe enfin les ſolides

& les fluides. C'est la cause principale des fièvres & des autres maladies dont font attaqués la plupart des Européens qui arrivent pour la première fois dans les pays situés fous la ligne ; plus leur température est chaude , plus ils en font incommodés, jufqu'à ce qu'ils fe foient habitués au degré de chaleur dominant , fans quoi ils périffent , parce qu'en général perfonne ne peut vivre dans un air dont la chaleur l'emporte fur celle du corps. C'est pourquoi les régions fituées entre les tropiques , dont la difpofition de l'air pour quelque caufe particulière , approche le plus de celle des zones tempérées , font celles où les colonies fe font multipliées avec plus de fuccès , ainfi que nous l'avons rapporté plus haut.

Si le fol est marécageux , s'il est rempli de corps putrides & infects, l'air immédiat fera chargé d'effluences de la même qualité; fon plus ou moins de falubrité dépend beaucoup de la disposition même accidentelle du sol. Outre cela les vents le changent encore de différentes manières, soit en purifiant sa masse, en emportant au loin les exhalaisons dangereuses dont elle est chargée, soit au contraire en la corrompant par le mélange des miasmes infectés qu'ils y font passer d'une autre région souvent éloignée. C'est ainsi que l'air de Florence & de ses environs devient très-dangereux dans les mois de Décembre & de Janvier, si les vents du midi ou du couchant, règnent pendant cette saison & contribuent à la condensation de l'air, par la quantité de matières sulfureuses qu'ils y amènent, & à la durée des brouillards obscurs & fétides, formés par les vapeurs épaisses qui s'élèvent du sol même. C'est à cette intempérie que l'on attribue les fréquentes apoplexies dont meurent dans cette saison, les gens de tout âge & de tout état, & qui ne se fait

point fentir dans les montagnes;
au lieu que fi le vent du nord
fouffle conftamment, le ciel eft
ferein, l'air eft pur, & peu de
perfonnes font les victimes de ces
accidens funeftes, qui font plus
communs dans la ville & dans les
lieux bas & marécageux que dans
les terrains fecs & élevés.

Si l'air eft trop humide quand
il ne feroit pas chargé d'ailleurs
d'exhalaifons nuifibles, il établit
dans les fibres des animaux & des
végétaux un relâchement fenfible,
qui les affoiblit autant qu'il diminue le reffort de l'air. L'eau qui
s'infinue dans les pores des corps,
augmente leurs dimenfions, mais
les rend plus foibles : un nageur
qui refte quelque temps dans l'eau
eft plus abattu par le relâchement
de fes fibres que par la violence
de fon exercice. Dans quelques-unes
de nos provinces, fituées dans des
terrains bas & humides, les hommes font foibles & ne vivent pas
long-temps ; les animaux quoique

d'une taille plus grande que ceux
de la montagne, ne font pas à beaucoup près, aufli vigoureux; ce que
l'on peut attribuer encore à la qualité de leurs alimens, qui formés
& nourris dans une terre toujours
détrempée par une humidité fur-
abondante, ne fourniffent pas des
fucs auffi parfaits, que les denrées
qui croiffent dans des pays plus
fecs, qui en général portent des
hommes & des animaux plus forts
& plus laborieux. Quand même
ces qualités de féchereffe & d'humidité ne feroient qu'accidentelles, on ne fçauroit nier qu'elles
ne produififfent de grands changemens dans l'atmofphère, & d'autant plus fenfibles & plus prompts
que le climat eft plus chaud. A
San-Jago, la plus grande des ifles
du Cap-Verd, on ne peut conferver des confitures qu'en les expo-
fant pendant le jour au foleil, pour
en faire exhaler l'humidité qu'elles
ont contractées pendant la nuit,
fans quoi elles feroient bientôt gâ-

tées. Ces vicissitudes continuelles de sécheresse & d'humidité, y rendent l'air très-mal-sain, parce qu'il passe continuellement d'une extrémité à l'autre.

Une température égale, mais toujours humide, ne peut qu'être malsaine & contribuer à la destruction des corps qui paroissent le moins exposés aux suites de son action. L'habitude fait que les animaux, accoutumés à y vivre, semblent n'en pas souffrir; mais on doit être assuré du contraire par l'altération qu'éprouvent les corps en apparence, les plus insensibles aux vicissitudes de l'air. Au village de l'Espérou, situé sur la montagne du même nom, dans les Pyrénées, le bois de hêtre employé à la construction des maisons, est si sujet aux vers, lorsqu'il reste sur la montagne, que les poutres & les autres bois de charpente ne durent pas plus de vingt ans, & quelquefois sont tout-à-fait vermoulus en moins de dix; à deux lieues de là, ce même bois dure des siècles. De ce fait, on peut conclure que la température de l'air, sur le haut de la montagne exposé presque toute l'année à l'humidité, à la neige & à la pluie, favorise étrangement la multiplication des insectes qui rongent ce bois, & lui donne une qualité qui le leur rend plus agréable (*a*).

§. VI.

Action de la chaleur & du froid sur l'Air.

En général la chaleur cause beaucoup plus d'intempéries & d'espèces différentes que le froid ; c'est pour cela que tout ce qui produit du changement dans le degré de chaleur de l'atmosphère en apporte

______

(*a*) *Voyez* les Mémoires de l'Académie des Sciences, année 1756, pag. 26.

auffi dans la modification de la matière de l'air. Les fels, les foufres, & les autres fubftances qui y font difperfées, font maintenues par le chaud, dans un état de fluidité, qui fait qu'étant mêlées enfemble, elles agiffent conjointement & avec plus d'effet. Plus ces parties font graffes & glutineufes, plus elles confervent leur chaleur, plus leur action eft incommode : on eft fuffoqué par un air imprégné de la vapeur d'un grand nombre de chandelles, ou de celle des graiffes brûlées, parce que quand l'huile eft diffoute dans l'air, les particules auxquelles elle eft attachée, n'admettent plus de molécules purement aqueufes, & diminuent d'autant la fluidité de l'atmofphère. C'eft ce qui fait encore qu'après que l'on a refpiré longtemps dans une même chambre, l'air change de qualité au point que la refpiration y devient pénible, & que l'on eft contraint de le renouveller, parce que la tranfpiration l'ayant chargé d'une multitude de particules grasses, tenaces & pesantes, sur lesquelles la quantité d'eau nécessaire à l'entretien de la salubrité de l'air, n'a plus de prise, on éprouve qu'il devient d'autant plus épais & plus pesant, que l'accession de ces matières hétérogènes a plus diminué sa légèreté spécifique & son élasticité. Il perd toute cette fraîcheur salutaire dont on sent continuellement la nécessité, parce qu'il faut qu'à chaque instant les poumons puissent se décharger d'une certaine quantité de vapeurs humides & échauffées, pour en recevoir autant de fraîches : or l'air étant surchargé de matières expectorées, chaudes & souvent corrompues, il ne se trouve plus dans le degré de température où il doit être relativement aux besoins du poumon : la chaleur augmente, le mouvement du sang devient précipité, parce qu'au lieu de cette douce fraîcheur qui le calme & le retient dans un jufte équilibre, on ne tire plus de l'air qu'une matière ardente, plus propre à augmenter l'irritation qu'à diminuer le mal-être où l'on fe trouve.

Si les colonnes d'air font plus ou moins hautes, s'il y a des ob-ftacles naturels à la raréfaction de l'air, à fa circulation, & à l'écoulement des vapeurs & des exhalaifons qui peuvent fe raffembler en certains endroits, & s'y condenfer de façon à devenir ftagnantes & à fe corrompre par les fuites de la fermentation ; de telles difpofitions peuvent répandre dans l'atmofphère des qualités très-nuifibles, fur-tout relativement aux lieux fitués dans des gorges refferrées de toutes parts, entre des montagnes élevées, au-deffus defquelles les exhalaifons locales s'élèvent rarement. Ne voit-on pas tous les jours certaines maladies peftilentielles emporter tous les habitans qui peuplent un côté d'une montagne, fans que ceux qui habitent l'autre côté éprouvent ces funestes intempéries, qui font sentir leurs effets, sur-tout dans les lieux situés à l'abri des vents du nord & du levant ? Nous en avons rapporté plus d'un exemple en parlant de la température des différentes régions de la zone torride, & nous aurons encore plus d'une occasion dans la suite de cette histoire de remarquer ces mêmes effets dans différentes contrées des autres parties du monde, toujours produits par les mêmes causes.

Le froid agit sur l'air d'une toute autre manière ; il ôte la fluidité & le mouvement aux matières différentes dont il est chargé, les sépare les unes des autres & les réduit en crystaux, toute sa masse est alors condensée proportionnellement aux degrés du froid. Il contracte les fibres animales & les fluides aussi loin qu'il les pénètre ; ce qui est démontré par les dimensions des animaux réellement plus petits dans le froid que dans le chaud ; les corps même les plus durs y éprouvent quelque contraction, ainsi que leur mesure prise en différentes saisons le prouve. Nous verrons ailleurs que dans les terres voisines des poles, la Nature a pourvu à la conservation des animaux, par le soin qu'elle a pris de les garantir à l'extérieur de l'impression du froid, qui ne peut pas pénétrer jusqu'au principe du mouvement des fluides & du sang. Les hommes qui habitent les mêmes régions ont une sorte d'industrie qui remplace en eux ce que la Nature accorde libéralement aux animaux ; leur nourriture, leurs occupations, leurs retraites, sont autant de moyens qu'ils ont pour se soustraire à la rigueur excessive de leur climat.

Mais quelques précautions que l'on prenne, pour peu que l'on s'expose à l'air libre, on sent qu'un froid extrême agit sur le corps en manière d'aiguillon ; ce qui annonce la configuration actuelle des

parties de l'air. Il produit d'abord
un picotement , ensuite un léger
degré d'inflammation causé par l'irritation qu'il porte dans les fibres
& par leur resserrement : nous en
rapporterons des effets plus détail-
lés en parlant de la température
des pays les plus éloignés de l'é-
quateur : il n'y a que l'habitude
qui puisse permettre à quelques
nations peu nombreuses d'y vivre:
elles y naissent , elles s'y attachent,
elles s'endurcissent contre les rigueurs du froid , & s'y habituent
si bien qu'elles ne pourroient plus
vivre dans un climat plus doux.

Si l'air pénétrant des zones
glaciales affecte si vivement les
parties du corps qui sont ordinairement à découvert, & dès-lors les
plus capables de résister à son action ; quel doit être son effet sur
le poumon rempli d'un sang extrêmement chaud, & dont les mem-
branes sont très-minces ! L'action
du froid sur ce viscère, seroit insupportable & mortelle , si l'air

chaud en étoit entièrement chaſſé
par l'expiration. Auſſi voyons nous
que les navigateurs habitués à la
douceur de l'air des zones tempérées , ne peuvent réſiſter quelque
temps à la rigueur de celui de la
zone glaciale, qu'en le ramenant autant qu'ils le peuvent, à un degré
plus doux, par les précautions qu'ils
prennent pour s'échauffer , & par
les feux qu'ils entretiennent continuellement. La plupart de ceux
que des accidens imprévus ont obligé d'y reſter plus qu'ils n'avoient
prévu , ou ſont morts promptement de l'action de cet air glacial , ou y ont contracté des maladies dont ils n'ont pu guérir. Le
reſſerrement des fibres de la peau ,
le ſang & tous les liquides refroi-
dis , & ralentis dans leur cours ,
arrêtent les effets ordinaires de la
tranſpiration , & ſont la ſource
d'une foule d'incommodités inévitables , à moins que la vigueur du
tempérament , ſecondée par tous
les ſecours qu'une prévoyance in-

duſtrieuſe peut procurer, ne les mette au-deſſus des périls auxquels ils ſont expoſés : mais preſque tous ſont attaqués du ſcorbut, avec les plus terribles ſymptomes, produits par l'irritation & l'inflammation des parties reſſerrées par le froid. C'eſt la maladie des pays ſepten-trionaux, comme on peut le voir par les journaux des Hollandois & des autres navigateurs qui ont paſſé l'hiver dans le Groenland, la nou-velle Zemble, ou quelque autre région auſſi froide & auſſi humi-de. Au bout d'un certain temps lorſque le mal étoit à ſon plus haut point, leurs corps ſe couvroient de veſſies, & devenoient tout ul-cérés ; ce qui leur annonçoit la fin prochaine de leur vie & de leurs maux.

Quand les effets du froid ne ſe portent pas au dehors d'une ma-nière auſſi ſenſible, ils n'agiſſent pas avec moins de violence ſur l'intérieur de la machine, ſur les eſprits animaux, ſur le fluide vital refferré dans les vaiffeaux qu'il arrofe & qu'il vivifie, au point de changer entièrement le tempérament habituel & le caractère de certaines perfonnes. Voici ce que rapporte à ce fujet, M. l'Abbé Dubos, dans fes réflexions fur la Poéfie & la Peinture (*a*).

» Le grand froid glace l'imagi-
» nation d'une infinité de perfon-
» nes, (les Lapons, les Groenlan-
» diens, les habitans de la Nou-
» velle-Zemble, les Efquimaux,
» & tous les peuples des zones gla-
» ciales, n'en ont jamais connu les
» agrémens ni les écarts) il en eft
» d'autres dont il change abfolu-
» ment l'humeur, hommes doux
» & débonnaires dans les autres
» faifons, ils deviennent prefque
» féroces durant les fortes gelées.
» Je n'alléguerai qu'un exemple,
» mais ce fera celui d'un roi de

______

(*a*) Seconde partie, fection 14, tom. 2, *Paris*, 1719.

» France, de Henri III. M. de Thou,
» dont je ne ferai que traduire le
» récit, étoit un homme revêtu
» d'une grande dignité, qui don-
» noit au public l'hiſtoire d'un prin-
» ce, mort depuis un petit nom-
» bre d'années, & dont il avoit
» approché avec familiarité (b) ».

　» Dès que Henri III eut com-
» mencé à vivre de régime, on le
» vit rarement malade; il eſſuyoit
» ſeulement durant les grands
» froids, quelques accès de mé-
» lancolie, dont ſes domeſtiques
» s'appercevoient, parce qu'ils le
» trouvoient alors fâcheux & diffi-
» cile à ſervir, au lieu que dans
» les autres temps, ce prince étoit
» toujours un maître indulgent &
» débonnaire. On le voyoit donc

(a) *Voyez* l'Hiſtoire de M. de Thou, t. 10,
liv. 96, pag. 679, *in*-4°. La traduction
de l'Abbé des Fontaines & aſſociés, diffère
en quelque choſe de celle de l'Abbé Dubos,
pour le ſtyle ſeulement, & non pour les
faits.

» dégoûté de ses plaisirs durant les
» gelées, il dormoit peu & se le-
» voit de meilleure heure qu'à
» son ordinaire, il travailloit sans
» relâche, & il décidoit des af-
» faires en homme qui se laisse
» dominer à une humeur austère.
» C'étoit alors que ce prince vou-
» loit réformer tous les abus, &
» fatiguoit son chancelier & ses
» quatre secrétaires d'état, à force
» de les faire écrire. Le chancelier
» de Chiverni, attaché auprès du
» roi dont je parle, dès l'enfance
» de ce prince, s'étoit apperçu de
» l'altération que le froid causoit
» dans son tempérament. Je me
» souviens d'une confidence que
» ce magistrat me fit à ce sujet,
» lorsque je passai par Esclimont,
» un château qu'il avoit dans le
» pays Chartrain, pour me rendre
» à Blois où la cour étoit alors. Le
» chancelier me prédit donc dans
» la conversation, peu de jours
» avant que Messieurs de Guise
» fussent tués, que si le duc de

» Guiſe continuoit à faire de la
» peine au roi pendant le temps
» qu'il faiſoit, ce prince le feroit
» expédier entre quatre murailles,
» ſans forme de procès : l'eſprit
» du roi, ajouta-t-il, s'irrite faci-
» lement durant une gelée telle
» que celle que nous eſſuyons, ce
» temps le rend preſque furieux ».

» Le duc de Guiſe fut tué à
» Blois la ſurveille de Noël (1588)
» & peu de jours après la conver-
» ſation du chancelier de Chiverni
» & du préſident de Thou ».

» Comme les qualités de l'air
» que nous appellons permanen-
» tes, doivent avoir plus de pou-
» voir ſur nous que ſes viciſſitu-
» des, il doit arriver des change-
» mens plus ſenſibles & plus du-
» rables dans notre machine, lorſ-
» que ces qualités s'altèrent, que
» ne ſont les changemens cauſés
» par les viciſſitudes de l'air. Auſſi
» ces altérations produiſent quel-
» quefois des maladies épidémi-
» ques, qui tuent en trois mois ſix
» mille

» mille perſonnes , dans une ville
» où il n'en meurt que deux mille
» dans les années communes «.

Je n'ai rien changé à ce récit,
il eſt juſte , ſimple & lumineux,
conforme aux obſervations les plus
exactes. Il nous apprend combien
il eſt dangereux de céder ſans réſiſtance aux effets que produiſent
les variations de l'air ſur le tempérament & les mœurs , & combien il eſt important de s'oppoſer
de bonne heure à leurs ſuites , qui
peuvent occaſionner des malheurs
horribles.

Un froid extrême n'agit pas avec
moins de violence ſur quantité
d'autres corps. On ſçait avec quelle
force l'eau en ſe glaçant briſe les
vaiſſeaux où elle eſt renfermée. La
cauſe en eſt que la matière ſubtile
ou le principe de l'élaſticité de l'air
& de ſa fluidité , ne ſe trouvant
pas propre à ſe lier avec les particules les plus ſolides de l'eau ,
de la même manière qu'elles s'u-
niſſent entr'elles , elle fait effort

Tom. II.   E

pour se dégager & se mettre au large. Par la même raison le verglas fait fendre les arbres : lorsque le froid a pénétré jusqu'à l'intérieur d'un arbre saisi par la gelée , la matière aërienne qui se trouve alors comprimée par la condensation du fluide avec lequel elle circuloit , cherchant à reprendre son extension , & ne trouvant point d'issue au dehors , elle fait nécessairement éclater la substance même de l'arbre , où elle trouve moins de résistance que dans le solide enduit de glace , dont sa surface est entourée. Ce qui est si sensible sur les arbres , cause à plus forte raison le même effet sur des végétaux plus tendres & moins capables de résister à l'effort du fluide éthérée , poussé au dehors par une condensation extraordinaire des corps dans lesquels il se trouve renfermé.

Les froids les plus vifs qui occasionnent les vraies gelées de l'hiver ont rarement les conditions

nécessaires pour faire tant de ravages, ou des ravages si marqués
en grand. La retraite du soleil,
le refroidissement graduel des terres, les premières gelées qui arrêtent ou diminuent beaucoup les
émanations du fluide ignée terrestre ; toutes ces causes combinées,
resserrent les pores des corps, con-
centrent le fluide vital qui les anime & les dispose à résister aux attaques du froid ; c'est par ce moyen
que les arbres des régions les plus
glaciales se conservent & durent
fort long-temps, & même que les
plantes annuelles ne périssent point.
Les gelées du printemps moins fortes en elles-mêmes, sont fréquem-
ment en état par des circonstances
particulières de faire beaucoup de
mal. Souvent dès le mois de Février, la température de l'air s'a-
doucit, la terre lentement abreuvée par la fonte des neiges dont
elle avoit été couverte, s'ouvre &
donne passage aux exhalaisons les
plus subtiles, & dès-lors les plus

capables de rétablir le mouvement & la chaleur dans l'atmoſphère. Si dans cette ſaiſon l'air eſt ſec & le ciel ſerein, ſi le ſoleil ſe fait ſentir quelques jours de ſuite, on voit les plantes ſe développer & croître promptement : la végétation ſe ranime, on jouit des douceurs d'un printemps anticipé ; mais qu'on les paie cher dans nos climats où la température eſt ſi variable. Après les froids exceſſifs de la fin de Décembre & des premiers jours de Janvier 1768, la rigueur du froid s'adoucit inſenſiblement, on eut des pluies, de la neige, des gelées peu fortes, juſqu'au 10 Février ſuivant, que les vents ſe décidèrent au ſud, & furent à peu près les mêmes pendant tout le reſte du mois. La température étoit alors délicieuſe pour la ſaiſon, l'air étoit plus chaud que froid, une verdure agréable, déja répandue par la campagne, annonçoit une récolte abondante, les arbres étoient prêts à ſe couvrir de fleurs & de feuilles, quand le vent du nord ramena le 5 de Mars, un froid piquant & une gelée très-forte, qui dura huit jours entiers, & fit un ravage étonnant, fur-tout dans les terres baffes & humides, où la végétation étoit plus avancée; des provinces entières perdirent toute efpérance de recolte, tandis que les froids extrêmes du fort de l'hiver ne leur avoient caufé aucun dommage.

C'eft donc de l'action immédiate de l'air que procèdent les changemens, l'altération & la corruption même qui arrivent dans les fubftances. Les corps durs & denfes, les métaux, & fingulièrement l'or, ne font durables & incorruptibles, que parce que l'air ne fçauroit les pénétrer ; il n'eft pas douteux que dans une atmofphère dont la température feroit toujours égale, dans un jufte milieu entre la féchereffe & l'humidité, les fubftances ne duraffent beaucoup plus long-temps. On en a des preuves par le peu de

changement qui arrive aux monumens quelconques, situés dans ces
hautes régions où l'état de l'air est
toujours à peu près égal ; on y a
retrouvé des noms écrits, des figures ou des lettres tracées sur le
sable ou dans la poussière, que l'on
a lues bien distinctement ; après
plus de quarante ans l'écriture n'é-
toit point altérée, & les figures
étoient entières. Les peintures tirées des ruines d'Herculanum, &
qui sont si bien conservées, les
végétaux quoique desséchés, qui
ont gardé leur forme extérieure,
n'auroient pas duré deux siècles
exposés au grand air sans être entièrement détruits, & ils se sont
maintenus pendant dix-sept siècles
dans les entrailles de la terre,
malgré la grande révolution qui
ruina la ville, & le mélange extrême de sécheresse & d'humidité
qui l'accompagna. Ces premiers
accidens une fois passés, les matières qui couvrirent les maisons
ayant acquis une solidité parfaite,

l'air extérieur n'eut plus d'action
sur ces monumens du goût & du
génie. Quelque soin que l'on prenne par les ordres & sous les yeux
d'un monarque puissant pour les
conserver dans une température très-
favorable, il n'est pas à croire qu'ils
durent aussi long-temps dans l'é-
tat où ils sont actuellement, qu'ils
ont duré dans le sein de la terre.

En général les monumens de
l'industrie & de la vanité des hommes, ne se conservent que dans
les zones tempérées qui approchent
plus du chaud que du froid ; on
en est convaincu par tous les restes d'antiquité que l'on admire encore dans l'Italie méridionale, dans
la Grèce & dans l'Egypte. La cu-
pidité des hommes, l'ignorance &
la barbarie leur ont été plus funestes que les intempéries de l'air;
mais dans les régions septentrionales, la rigueur du froid, l'impétuosité des vents, les terribles
effets de la gelée détruisent prompt-
tement les rochers même les plus

folides. Si ces maffes énormes, ces pyramides qui fubfiftent depuis tant de fiècles dans l'air doux & tempéré de l'Egypte, euffent été élevées dans la Laponie où le Groenland, il n'en refteroit aucun veftige.

§. VII.

Obfervations fur la caufe de la couleur des nègres.

Un phénomène remarquable de l'action de l'air, de la chaleur du foleil, & de la qualité des exhalaifons dont l'atmofphère eft chargée ; c'eft la couleur de tous les peuples qui habitent cette large bande qui ceint le globe d'orient en occident, & que l'on appelle la zone torride. Ils font tout noirs ou bafannés, malgré les interruptions que la mer met entr'eux. La couleur noire n'a aucun principe intrinfèque dans le fang de ces nations, dans le tiffu des fibres, dans

les glandes ou les houpes nerveuses, non plus que dans le réseau
vafculaire, & encore moins dans
l'épiderme, auquel elle eft tout-à-
fait étrangère. Le ferein & l'ardeur
du foleil, la température de l'atmofphère & la force des exhalaifons qui s'y répandent, caufent cette
diverfité extérieure que l'on remarque dans tous les habitans de la
zone torride. Les Sarrafins, les
Maures & les Arabes, qui, dans
le feptième fiècle, envahirent l'A-
frique occidentale & y fixèrent leur
demeure, étoient blancs, bafannés ou jaunes, & après quelques
générations ils changèrent de couleur, & devinrent auffi noirs que
les anciens habitans; comme ceux
qui firent la conquête des royau-
mes de Maroc, de Salé, de Taf-
filet, & enfuite de l'Efpagne, prirent & conferverent la couleur
dominante des pays où ils s'établirent. Lorfque les Portugais, dont
les defcendans exiftent encore en
Afrique, commencèrent vers le mi-

E v

lieu du quatorzième siècle, à y former des établissemens, ils n'étoient point noirs : les uns s'établirent dans les Canaries & les Açores, les autres dans les isles du Cap-Verd & sur les côtes de l'Afrique, en se rapprochant de la ligne. Les premiers n'ont subi aucun changement de couleur depuis plus de trois siècles qu'ils habitent ces isles de père en fils ; les autres plus voisins de l'équateur sont devenus aussi noirs que les naturels du pays. Les enfans de deux Portugais de nation, établis sur la rivière du Sénégal, depuis 1721, avoient déja les parties du corps les plus exposées à l'action immédiate de l'air, au serein & à la chaleur du soleil, plus noires que les autres (*a*). L'isle de Madagascar n'est peuplée que d'habitans nègres, à l'exception d'une petite

-----

(*a*) *Voyez* l'Histoire de l'Afrique Françoise, *in*-12, *Paris*, 1767.

province au nord, & des grands
ou princes du pays qui, étant descendus des Arabes, conservent encore quelque chose de leur teint
d'origine, auquel cependant chaque génération apporte du changement, en le rapprochant de plus
en plus du teint des anciens habitans de l'isle. Mais ce qui ne
laisse aucun lieu de douter que la
couleur noire ne soit un effet de
la température du climat sur l'extérieur de la figure, c'est que les
enfans des nègres ne naissent point
noirs, ils n'ont que le cercle des
ongles & le tour des yeux & des
parties génitales bruns, le reste du
corps ressemble, quant à la couleur, à celui des enfans qui naissent en Europe. Si la couleur noire
leur étoit naturelle, ou tenoit à la
disposition extérieure de la peau,
ils l'apporteroient en naissant ; ajoutons encore, d'après des observations très-nouvelles, que les nègres malades perdent leur teint, ils
pâlissent & sont plutôt jaunes que

noirs ; à l'inſtant de la mort, ils deviennent preſque blancs, & deux heures après ils reprennent leur couleur ordinaire. Il ſemble que la révolution violente qui ſe fait alors dans toute la conſtitution animale, que la forte tranſpiration qui l'accompagne, détruiſe pour ce moment l'effet de l'air ſur l'extérieur du corps, qui rentre dans ſes droits dès que le mouvement eſt calmé, & que l'atmoſphère inſtantanée qui s'étoit formée autour du corps, ne ſubſiſte plus, faute d'émanations qui l'entretiennent. Si ces nègres échappent des bras de la mort, dès qu'ils ſont rétablis ils deviennent auſſi noirs qu'auparavant. Quand un nègre ſe noie, ſa couleur change au point qu'on le prendroit pour un blanc, ſurtout ſi c'eſt un des habitans des terres ſituées entre les rivières du Sénégal & de Gambie ; qui ont les traits du viſage moins durs que les autres nègres, parce que leurs parens ne ſont pas dans l'uſage de

leur écraſer le nez & de leur ſer-
rer les lèvres, pour les faire en-
fler & les rendre plus épaiſſes ;
uſage qui détermine enfin la Nature à ſuivre volontairement &
d'elle-même, une route à laquelle
l'art l'avoit d'abord contrainte. Les
Hottentots moins noirs que les nègres, ont le nez auſſi écraſé, &
les lèvres auſſi groſſes qu'eux, parce que leurs mères, dès qu'ils ſont
nés, ont ſoin de les conformer
ainſi. Ce n'eſt pas d'aujourd'hui que
des peuples groſſiers & barbares,
ont pris en affection certaines
formes de viſage, ou certaines tour-
nures de membres qui nous ſemblent tout-à-fait difformes. Les
plus anciens auteurs Grecs, nous
parlent de Scithes à têtes longues,
& nous apprennent que chez ces
peuples, les ſages-femmes & les
nourrices changeoient la forme naturelle des têtes des enfans nouveaux nés, en les preſſant par des
bandages qui détournoient les eſprits animaux de leur cours ordi-

naire, & les forçoient à se porter en haut, où ils ne trouvoient aucune résistance; par ce moyen elles donnoient à leurs têtes une forme conique. On connoît des sauvages de l'Amérique septentrionale qui s'applatissent & s'allongent la tête; ils peuvent bient être des arrière-descendans de ces Scithes ou Tartares à têtes longues; ils sont, dit-on, plus stupides que les autres. Cette forme extérieure se perpétue de générations en générations, parce que les molécules organiques sortant de certains individus sont déterminées à suivre une route étrangère, mais qu'une contrainte continuée, leur a rendue naturelle.

La couleur des nègres, de même que leurs traits particuliers, leur sont donc purement extrinsèques & accidentels, & n'en font point une espèce d'hommes particulière. Les Portugais l'ont acquise par la suite des années; les nègres transplantés dans les zones tempérées la perdroient de même avec le temps : on voit qu'elle s'efface de plusieurs manières ; les femmes qui blanchissent & tiennent souvent les mains dans l'eau , finissent par les avoir blanches. Un nègre qui a reçu une blessure ou a été brûlé dans quelque endroit de son corps , a ces parties brûlées ou cicatrisées blanches , elles ne prennent une teinte basannée qu'à la longue. On peut ajouter encore que tous ces peuples , hommes & femmes , font tant de cas de leur couleur noire , qu'ils n'omettent rien pour la rendre plus sombre & plus tranchante : les femmes du Sénégal ont à ce sujet une sorte de coquetterie qui l'emporte peut-être sur les attentions que les femmes de l'Europe les plus galantes , prennent pour conserver leur teint , ou pour faire utilement servir l'art à réparer les défauts de la Nature, ou à cacher l'effet des années.

S'il est vrai qu'il existe en Afrique sous la zone torride, un peuple entier de nègres blancs, il est démontré que la couleur noire ne leur eſt pas naturelle, mais qu'elle leur vient de la qualité de l'atmoſphère qu'ils habitent. Quantité de voyageurs qui prétendent connoître l'Afrique, parlent d'une eſpèce de nègres qui, bien que nés de parens noirs, ſont au moins auſſi blancs que les Européens, & conſervent cette couleur toute leur vie. On dit qu'ils ſont d'un blanc livide comme les corps morts; leurs yeux ſont gris, peu animés, & ſemblent immobiles; ils ne voient qu'au clair de la lune, comme les hiboux; leurs cheveux ſont blonds, ou roux, ou blancs & crépus; on en trouve un aſſez grand nombre dans le royaume de Loango, par le cinquième degré de latitude méridionale, où ils forment un peuple à part. Les autres noirs du pays les déteſtent & ſont perpétuellement en guerre avec eux, ils ont grand ſoin de prendre leurs avantages & de ne les combattre qu'en plein jour; mais ceux-ci prennent bien leur revanche pendant la nuit. Les noirs du pays, appellent ces blancs Mokiſſos, ou diables des bois. Cependant on nous dit que les rois de Loango ont toujours un grand nombre des ces nègres blancs à leur cour : ils y occupent les premières places de l'Etat, & rempliſſent les fonctions de prêtres ou de ſorciers, auxquelles on les élève dès leur plus tendre enfance. En un mot, ce ſont les ſçavans & les philoſophes du pays, qui reconnoiſſent, dit-on, un Dieu, mais qui ne lui rendent aucun culte, & paroiſſent même n'avoir aucune idée de ſes attributs, mais ils adreſſent leurs vœux & leurs prières à des démons, deſquels ils croient que dépendent tous les événemens heureux ou malheureux. Ils les invoquent & les conſultent ſur toutes leurs entrepriſes, ils les repréſentent ſous des formes humaines de bois & de terre, groſſièrement travaillées; à peu près ſans doute à la manière des Egyptiens, dont les idoles les plus anciennes font d'une fimplicité de travail, au-deffous de laquelle il eft difficile que foient celles des prêtres de Loango. Comme ils ont une idée très-favorable du démon, ils le repréfentent fans doute comme eux, blanc & non pas noir ; ce qui a fait dire à quelques voyageurs qui avoient vu ces idoles ou qui en avoient entendu parler, que les nègres repréfentoient le diable fous la figure d'un blanc ; ils ignorent que c'étoit pour lui faire honneur. On a été fort embarraffé pour fçavoir d'où provenoit la couleur des nègres blancs ; la raifon en eft toute naturelle : ils n'habitent jamais les terrains brûlans & découverts de l'Afrique, ils vivent dans une autre atmofphère dans les bois, d'où ils ne fortent que la nuit, & où il eft probable qu'ils fe retirent dans des fouterrains. La lune eft le feul aftre à la lumière duquel ils s'expofent, & fes foibles rayons ne peuvent pas donner une couleur rembrunie à leur teint. Cependant ils font auffi robuftes que les autres; les Portugais en ont tranfportés à leurs colonies de l'Amérique, où ils ont effayé de les faire travailler aux mines; mais fi ce font les plus habiles des nègres, ce font auffi les plus entêtés, ils ont mieux aimé fe laiffer mourir de faim que de fe foumettre à ces travaux. On prétend que l'on a trouvé des nègres blancs dans différentes parties des Indes orientales, dans l'ifle de Bornéo & dans la nouvelle Guinée (*a*).

Ce qu'il y de plus remarquable encore, c'eft que ces blancs peuvent naître de noirs, & qu'ils fe reffemblent tous. Une négreffe grande & bien faite, qui avoit déja eu quelques enfans, accoucha à Surinam, en 1733, d'un enfant qui étoit grand, bien formé, & très-

____

(*a*) Dictionnaire Encyclopédique, art. nègres.

blanc, couleur qui lui a toujours duré. La physionomie & les traits de son visage étoient d'un nègre; il avoit les lèvres grosses & relevées, le nez écrasé & camus, &, comme les autres nègres, de la laine à la tête, mais aussi blanche que la neige. Quoique fort exposé au soleil, il n'avoit point rougi, la laine de sa tête n'avoit point changé de couleur. Le blanc de ses yeux étoit fort clair, ce qui n'est point rare, mais son iris étoit d'un rouge fort vif & couleur de feu, marbrée seulement de quelques traits blancs, tirant sur le bleu : la prunelle que nous ne connoissons que noire, & qui doit l'être puisque c'est un vuide, étoit aussi fort rouge. Cet enfant ne vouloit pas ouvrir les yeux par un soleil vif, hors de là il les ouvroit & paroissoit distinguer les objets dans un lieu peu éclairé : sans doute que ses yeux, ainsi que ceux des autres nègres blancs, ressembloient, par leur conformation, aux yeux des chats & des oiseaux de nuit. La pupille dans l'homme & dans la plupart des animaux, est capable d'un certain degré de contraction & de dilatation, elle s'élargit lorsque la lumière manque, & se rétrécit lorsqu'elle devient trop vive. Dans l'œil du chat & des oiseaux de nuit, cette contraction & cette dilatation sont si considérables que la pupille qui dans l'obscurité est ronde & large, devient au grand jour longue & étroite comme une ligne ; dès-lors ces animaux voient mieux la nuit que le jour ; ce qui vient de ce qu'il y a contraction continuelle dans leurs yeux pendant le jour, & que ce n'est, pour ainsi dire, que par effort qu'ils voient à une grande lumière, au lieu que dans le crépuscule ou par un jour plus sombre, la pupille reprenant son état naturel, ils voient parfaitement (*a*).

(*a*) Histoire Naturelle du Cabinet du Roi, tom. XI, *in*-12, pag. 8.

C'eſt préciſémene l'état des yeux des nègres blancs, & celui de l'enfant dont nous venons de parler; la preuve en eſt que lorſqu'il vouloit fixer la vue ſur quelque objet, ſon iris & ſa prunelle prenoient un mouvement extrêmement rapide de tournoiement autour de leur centre. Il ſembloit que l'enfant ſe fût mis tout d'un coup à chercher quelque choſe avec beaucoup d'inquiétude, circonſtance qui décide tout-à-fait de ſa manière de voir, & de la conformité de ſes yeux avec ceux des oiſeaux de nuit. Une chouette qui veut regarder quelque objet au jour, non-ſeulement a un tournoiement ſenſible dans les yeux, mais ſa tête entière eſt dans un mouvement circulaire juſqu'à ce que ſes yeux ne ſoient attachés ſur l'objet. J'ai vu un homme dont l'un des yeux tout-à-fait rond, avoit un tournoiement ſemblable, lorſqu'il vouloit le fixer ſur quelque choſe qu'il paroiſſoit mieux ſaiſir & voir qu'avec ſon autre œil qui n'avoit rien de fingulier dans fa conformation.

La couleur de ce petit nègre blanc ne devoit donc donner aucun doute fur fon origine, il étoit vraiment né d'un père nègre, & fa blancheur n'étoit pas un phénomène affez extraordinaire, pour qu'on refufât d'en croire fa mère fur celui qui en étoit le père, puifqu'il en avoit tous les traits principaux, d'autant plus qu'elle étoit de fi bonne foi, qu'ayant fait auparavant un mulâtre, elle étoit convenue qu'il venoit d'un blanc (*b*).

On a vu depuis à Carthagène, en Amérique, un nègre & une négreffe bien noirs l'un & l'autre, dont tous les enfans étoient nés blancs comme ceux dont nous venons de parler, à l'exception d'un feul qui etoit blanc & noir ; les Jéfuites auxquels il appartenoit

---

(*a*) *Voyez* les Mémoires de l'Académie des Sciences, année 1734, pag. 15.

en 1740, le destinoient à la reine d'Espagne : mais cette bigarrure n'étoit-elle pas artificielle ? ou si c'étoit une bisarrerie de la Nature, l'idée que l'on s'en forme, ne repréfente un homme avec ces deux teintes tranchantes, que comme un individu très-laid & très-rebutant.

D'après les faits que nous venons de rapporter, n'est-on pas en droit de conjecturer que les nègres blancs de Loango doivent leur origine à un père & une mère dont les enfans naiffoient blancs comme ceux de la négreffe de Carthagène , & qui étant un objet d'horreur pour leurs nationaux, furent bannis de leur fociété, & forcés de fe cacher dans les bois où ils fe font multipliés? Ne doit-on pas en conclure encore qu'il s'en faut beaucoup que l'on foit au fait de toutes les variétés de la Nature? peut-être que l'intérieur de l'Afrique , fi peu connu des Européens, renferme des peuples nombreux entièrement igno-

rés

rés de nous & d'une espèce qui peut avoir des singularités que l'on n'imagine pas. Que ne doit-on pas espérer dans ce genre, après la découverte que l'on vient de faire des géans Patagons & des nains quarrés des terres australes.

§. VIII.

Etat de l'Air par rapport aux saisons.

Les effets de l'air sur lesquels nous venons de nous arrêter, ne font, par rapport à notre zone tempérée, qu'un objet de curiosité qui nous intéresse beaucoup moins que les grands changemens qui arrivent annuellement à notre atmosphère, & qui ont donné lieu à la division de l'année en quatre saisons à peu près égales; ainsi avant que de traiter des qualités les plus constantes de l'air dans les régions situées entre la zone torride & la

Tome I I. F

zone glaciale, il me paroît conve-
nable de donner une idée générale
de la difposition de l'air, refpec-
tivement aux faifons. Pour bien
juger de ces changemens, il faut
principalement avoir égard à la
chaleur & au froid, ou à la jufte
proportion de ces deux qualités.
Leur excès eft néceffairement fuivi
d'une grande féchereffe. Si elles
font modérées l'une par l'autre, fi
les molécules aqueufes répandues
dans l'atmofphère y font en quantité fuffifante pour y entretenir une
douce humidité & y conferver affez
de fluide éthérée ; fa température
eft alors d'autant plus favorable
qu'elle eft plus éloignée des extrêmes. Depuis le folftice d'hiver
jufqu'à celui d'été, les rayons du
foléil acquérant de jour en jour
d'autant plus de force qu'ils s'approchent davantage du point vertical, exercent leur action fur l'atmofphère d'une manière plus fenfible ; la maffe de l'air s'échauf-
fant par degrés, relâche, amollit

& putréfie les terres par la fermentation qu'elle y établit, jufqu'à ce que le foleil foit arrivé au
tropique. Dans cet intervalle, les
exhalaifons & les vapeurs que la
chaleur a tirées des eaux, de la
terre, des végétaux & des autres
corps, étant répandues dans l'atmofphère; le même agent les divife, les atténue, les agite & les
porte jufqu'à fa région fupérieure,
où elles retournent en leurs principes, en eaux, en huiles, en fels
& en foufres, & leurs combinai-
fons différentes fervent à former
les divers Météores, qui ne font
que l'effet de la réunion de ces
corpufcules répandus dans l'air. Ils
influent enfuite de la manière la
plus fenfible fur fa température,
lorfqu'ils rapportent par l'atmofphère, à la terre, les fubftances
différentes dont elle avoit été dépouillée par l'action du foleil, &
celle de fa propre chaleur. A la
fuite de cette difpofition générale, foutenue affez long-temps d'a-

bord d'une manière douce & modérée, ensuite avec violence ; la
partie inférieure de l'atmosphère
devient enfin sèche & brûlante,
& bien loin de conserver les corps
qu'elle environne & qui font la
richesse & la parure de la terre,
elle semble n'agir plus qu'en détruisant ; ces effets sont nécessaires à la maturité de la plupart
des fruits les plus précieux ; quelquefois ils sont prématurés ou ex-
cessifs, & on voit avec peine les
arbres, les plantes, la vigne même
se dépouiller de leur verdure,
leurs fruits se dessécher & périr
comme s'ils avoient subi les rigueurs d'une forte gelée.

C'est par un effet contraire qu'un
froid violent resserre tous les corps
& les endurcit. L'eau, elle-même,
cette modification de l'élément,
humide, liquide & vaporeuse ;
que sa configuration rend capable
de recevoir la matière ignée & de
la communiquer à toutes les productions de la Nature, qui par une

circulation continuelle humecte la terre & l'air, & sert également à la production des minéraux, à la végétation des plantes, & à la conservation de la vie des animaux ; l'eau se convertit par la force du froid en une masse solide qui ne peut plus fournir à l'atmosphère cette humidité nécessaire à la douceur de sa température. Pendant l'hiver, la terre n'envoie que peu d'émanations hors de sa surface ; ses pores sont fermés par la gelée qui l'endurcit, ou couverts de neige ; il n'y a alors d'autre évaporation sensible, d'autres particules hétérogènes dans l'atmosphère, que les corpuscules pénétrans, âpres & glacés, qui se détachent de la neige & des glaces, & qui, lorsque le froid est à un degré extrême, déchirent les substances sur lesquelles ils agissent, plutôt qu'ils ne les rafraîchissent & ne les soulagent. L'état d'inertie & de mort où toute la Nature paroît être alors dans nos climats, répond à la dure modification de l'air. Mais dans cette faifon même, un feu caché dans les entrailles de la terre, ne laiffe pas d'agir & de préparer un fonds de vapeurs & d'exhalaifons qui entretiennent dans le fein de cette maffe aride & fans mouvement fenfible, les principes de fertilité qui fe développent avec tant d'avantage au printemps, & qui dans ce temps de mort ne ceffent pas de fe communiquer à certaines productions : c'eft la caufe par laquelle la même efpèce de graines, femée dans l'automne ou au printemps, dans un même fol, & par une température à peu près égale, réuffit néanmoins fi différemment. Ainfi le mouvement général de la Nature n'eft jamais interrompu, quoique les effets de là chaleur à laquelle il doit fa confervation nous paroiffent fi différens. Dans les pays du monde les plus froids, enchaînés fous les rigueurs d'un hiver perpétuel, le fluide fubtil ne ceffe d'agir fur les maffes énor-

mes de neiges & de glaces, les
plus capables d'arrêter son action,
& d'en détacher une infinité de
parties qui se répandent dans l'atmosphère ; la cause première de
la chaleur y produit & y entretient
le froid le plus violent, qui est
suivi de quelques effets semblables
à ceux d'une chaleur excessive. Les
Samoïedes, les Lapons, les Groenlandois, sont fort basannés ; le froid
comme le chaud, dessèche la peau
& lui donne cette teinte obscure.

Quand le chaud & le froid sont
dans une juste proportion, l'air
n'agit plus avec assez de force pour
dessécher les corps qu'il environne ; au contraire, il tempère l'a-
ridité naturelle du fluide éthérée
qui les vivifie, par une douce humidité entretenue par une évaporation presque continuelle & dont
il retient les effets pour la plus
grande partie ; le point de chaleur
où il est, ne pouvant porter ces
vapeurs à un assez haut degré de
raréfaction, pour les dissiper en-

tièrement, & pour ne laiſſer l'atmoſphère chargée que d'exhalaiſons ſèches qui détruiſent plutôt
qu'elles ne conſervent.

Mais parce que le ſoleil, dans
ſa révolution annuelle autour de
l'écliptique, s'approche & s'éloigné alternativement des deux poles, c'eſt à ſon mouvement que
l'on doit ſpécialement attribuer les
variations qui arrivent dans l'état
de l'air. Quand le ſoleil eſt prêt
d'arriver au tropique du cancer,
les parties boréales de la terre ſont
alors à leur plus haut degré de chaleur, parce qu'il approche davantage du point vertical de ce côté
du globe & qu'il reſte plus long-
temps ſur ſon horiſon. Dans le
même temps les terres auſtrales,
ne recevant plus que très-oblique-
ment les rayons de cet aſtre, ſans
force par rapport à elles, ou même privées pendant des mois entiers de ſa préſence, ne peuvent
réſiſter au froid de l'air ſupérieur,
qui durcit & gèle inſenſiblement

tous les corps & la mer même,
pendant que les terres se couvrent
de montagnes énormes de neiges.
Ainsi quand le soleil passe d'un
pole à l'autre, les saisons changent respectivement, & le froid
succède à la chaleur : mais quand
il approche de l'équateur, c'est-à-
dire du point des équinoxes, ce
qui arrive deux fois dans l'année,
lorsque l'on a les jours égaux aux
nuits, & que les rayons du soleil
dans les zones tempérées, sont également éloignés de la direction
perpendiculaire & de l'horisonta-
le, la température doit être moyenne entre le chaud & le froid, s'il
ne se trouve point de causes locales qui la changent. Ces vicissitudes sont sur-tout sensibles dans
les zones tempérées, à cause des
différences de l'éloignement du soleil, dans les diverses parties de
l'année. Il n'en est pas de même
sous l'équateur ou entre les tropiques, comme nous l'avons déja dit,
parce que le soleil n'en est jamais

F v

affez éloigné pour n'y pas faire fentir fon action avec une intenfité à peu près égale ; fes rayons s'éloignant peu de la direction perpendiculaire, & les jours y étant prefque toujours de même durée que les nuits.

Eu égard donc à ce mouvement réglé du foleil, on admet quatre changemens annuels dans l'atmofphère, auxquels on rapporte les quatre faifons. On donne le nom d'été à cette partie de l'année où la chaleur domine, lorfque le foleil s'approche le plus du zénith de nos climats feptentrionaux. Il eft fuivi de l'automne, faifon pendant laquelle le foleil commençant à s'éloigner du pole, la fraîcheur des nuits tempère la chaleur que l'été avoit répandue dans l'atmofphère. L'hiver eft le temps où règnent les frimats, les pluies & les gelées ; le froid s'y fait fentir dans toute fa force. A l'hiver fuccède le printemps : le foleil, quittant alors l'équateur pour s'approcher du tropique voisin de notre pole, tempère les rigueurs de l'hiver & sa triste aridité, par une douce chaleur & une humidité salutaire qui se répandent insensiblement dans l'air, & disposent la masse engourdie de la terre à une heureuse fécondité. C'est alors que ce feu caché dans les entrailles de la terre, se développe & seconde les efforts de la Nature, en redoublant l'action du soleil. Au retour du printemps, il ranime les fluides, & accélère l'accroissement des végétaux. Les sucs que la rigueur du froid avoit épaissis dans le sein de la terre; les sels & les soufres dissous dans l'eau qui leur sert de véhicule, montent de l'extrémité des racines dans la tige des arbres: la matière de la sève volatilisée s'élève en particules imperceptibles, & rencontrant les canaux par lesquels les plantes reçoivent leur nourriture, elle se répand dans leurs fibres, & les remplit de sucs nouveaux; le reste s'échappe dans l'air, auquel il commu-

F vj

nique une température plus agréable. C'est ainsi que cet agent invisible renouvelle la face de la terre & les qualités de l'air : des campagnes défigurées par les rigueurs de l'hiver, il fait d'agréables jardins, sur lesquels il développe les premières richesses de la Nature; tout ce qui vit, tout ce qui respire, participe à ce bienfait général, & en jouit au moins pour quelques instans. Cependant on ne s'apperçoit pas exactement du changement de température, lorsque le soleil approche des points auxquels on a fixé la naissance de chaque saison; ce n'est que lorsqu'il a fourni à peu près la moitié de sa carrière, des tropiques à l'équateur; ou de l'équateur aux tropiques. L'état de l'air tient à tant de circonstances variables, & la plupart locales, qu'il en faut joindre la connoissance à celles des causes générales, pour rendre sa théorie plus lumineuse.

On remarque une différence constante entre les saisons : en général,

l'hiver est froid & humide ; l'été
est chaud & sec ; cependant combien
de causes accidentelles varient cette
température , sur-tout par rapport
aux dégrés du chaud & du froid ?
On voit avec étonnement les premières qualités de l'air anéanties
par d'autres qui leur font tout-à-
fait contraires , relativement aux
saisons : ces qualités souvent ne se
font pas sentir lorsque leurs causes
efficientes agissent avec le plus de
force. Une multitude de variations
qui n'ont point de loix déterminées ,
point de temps fixé , bouleversent
l'ordre général au point que l'atmosphère se trouve dans un état tout
opposé à celui auquel on s'attend
dans la saison : on jouit d'un ciel
serein & pur , d'un air doux &
chaud en hiver , & quelquefois on
est transi de froid , & l'eau se glace
en été. Il n'y a qu'une suite d'observations sur ces phénomènes , qui
puissent nous en faire découvrir les
causes ; nous en rapporterons les
plus frappantes. D'abord il nous faut

expliquer comment l'air & la terre s'échauffent & se réfroidissent, ou viennent à une température moyenne entre l'un & l'autre.

La chaleur dont est susceptible la masse de l'atmosphère, dépendant du voisinage du soleil, elle devroit être le plus ardente lorsque cet astre est à son zénith, & plus froide lorsqu'il en est le plus éloigné; & par la même raison, le degré moyen entre le chaud & le froid devroit être lorsque le soleil est à une distance moyenne. Cependant l'expérience prouve souvent le contraire. Pour concevoir ces variétés, il faut non-seulement avoir égard à la force de la cause efficiente, & à son application au corps sur lequel elle agit, il faut de plus considérer quelles sont les dispositions du corps quelconque à recevoir les impressions de l'agent. Le bois verd résiste quelque temps à l'action de la flamme la plus ardente; est-il sec, le moindre feu l'allume dans l'instant. Ainsi les dispositions de la terre & de l'air

font que les rayons du foleil les plus
directs, & dès-lors les plus actifs, ne
les échauffent que peu & lentement, tandis que les mêmes rayons
plus obliques l'échaufferont davantage & plus promptement. Au folftice d'été, lorfque le foleil arrive au
tropique du cancer, & qu'il eft le
plus voifin du pole arctique, il
trouve les régions feptentrionales
couvertes de brumes épaiffes, les
montagnes enfevelies fous la neige,
le fond des forêts encore endurci
par les gelées d'un long hiver, les
fleuves & les mers couvertes d'énormes glaçons, tous les corps enfin
pénétrés du froid de la faifon qui
s'y fait encore fentir; obftacles qui
empêchent la chaleur de les pénétrer, & que l'air & la terre ne prennent une température douce & chaude qui foit durable.

Dans les régions plus voifines de
l'équateur, les neiges commencent
à fondre dans les plaines au commencement du printemps, ou même
plutôt. Dans les terres les plus hau-

tes, & sur les montagnes, elles font
fondues ordinairement au commencement de Mai, & ces fontes occasionnent les eaux abondantes & les
débordemens réglés de cette saison.
Dans des latitudes plus avancées,
on connoît quelques crues d'eaux
plus tardives qui ne se font que
dans le mois de Juin; elles ont
pour cause la fonte des neiges, qui
restent jusqu'à ce temps sur les
sommets des montagnes, plus élevés & plus froids que les côtes.
Ainsi vers la saint Jean, les eaux
de la Vistule grossissent beaucoup,
parce que le vent de nord-ouest,
qui souffle dans ce temps sur les
plaines de Pologne, pousse les nuages & les vapeurs contre les monts
Krapacs qui les retiennent, où elles
se condensent, tombent en pluie,
& fondent les neiges qui sont restées
jusqu'à ce temps sur cette haute
chaîne de montagnes qui séparent
la Hongrie de la Pologne. On prétend à Varsovie que l'augmentation de l'eau se fait en raison du

nombre des jours que les vents ont duré ; c'est-à-dire que s'ils se font foutenus trois, fix ou huit jours, la Viftule croît de même, & met un temps égal à décroître ; obferva-tion qui paroît affez jufte, & qui peut conduire à eftimer la quantité de vapeurs qui fe font réfoutes en pluie fur les montagnes. Cette crue a dans le pays le nom de crue de la faint Jean, & eft réglée ; il y en a une autre au mois d'Avril, que l'on appelle la crue de Pâques, occa-fionnée par les premières pluies du printemps, la fonte des glaces & celle des neiges qui font tombées en hiver dans les hautes plaines & fur les côteaux (*a*).

A la fin de Juin il n'y a donc plus dans toute la zone tempérée, ni neiges, ni glaces, à l'exception de quelques fommets élevés jufques au haut de la moyenne région de

____

(*a*) *Voyez* les Mémoires de l'Académie des Sciences, année 1762 , pag. 402.

l'air, où la neige & les glaces font éternelles, ou de quelques vallées profondes & refferrées, dans lefquelles les rayons du foleil n'ont encore pu pénétrer, & dont la température refte à peu près au même degré pendant la plus grande partie de l'année. Ainfi les neiges, qui font une caufe fi puiffante du réfroidiffement de l'air, étant fondues, l'humidité de la terre étant enfuite épuifée, la terre & l'air s'échauffent plus facilement, & confervent mieux la chaleur qui va toujours en augmentant, jufqu'à ce que les rayons du foleil ne frappant plus la terre qu'obliquement, en raifon de la fituation de cet aftre, communiquent moins de chaleur à l'atmofphère pendant le jour, que la fraîcheur de la nuit ne lui en enleve.

La faifon de la plus grande chaleur doit donc être depuis le vingt de Juillet environ jufqu'au vingt d'Août; elle diminue infenfiblement jufqu'au vingt-deux de Septembre, temps de l'équinoxe & du commencement de l'automne, où l'atmofphère eft dans une température à peu près égale entre le froid & le chaud. Au milieu de l'automne, c'eft-à-dire, au commencement de Novembre, les nuits étant plus longues, & le foleil reftant encore moins fur l'horifon, le mouvement général diminue, les vapeurs font plus condenfées, l'air froid de la région fupérieure ayant plus de temps pour agir fur l'atmofphère & la terre, les rafraîchit fenfiblement : d'autant plus encore que la terre rendant moins d'exhalaifons fèches & chaudes, elles fe mettent à une température très-variable entre le froid & le chaud, qui tient fur-tout aux vents & à l'état du ciel plus ou moins découvert, & qui dure jufqu'au vingt-un Décembre ; terme affigné pour le commencement de l'hiver, & duquel on paffe à l'excès du froid, qui fe fait fentir en Janvier & au commencement de Février. Alors le foleil fe rapprochant du pole, la rigueur du froid doit commencer à s'adoucir infenfiblement à mefure que l'on s'avance vers le vingt-un de Mars, ou l'équinoxe du printemps; le foleil entrant alors au figne du bélier, agit avec plus de force, & commence à changer l'état de l'air & de la terre; effets qui ne deviennent bien fenfibles qu'au mois de Mai (a).

(a) Les cinq premiers volumes de cette Hiftoire Naturelle de l'Air & des Météores étoient compofés, & prêts d'être mis fous la preffe, lorfque j'ai lû dans quelques journaux l'extrait de la differtation de M. de Mairan fur les caufes du chaud en été & du froid l'hiver, inférée dans les Mém. de l'Académie des Sciences, année 1765. Il y eft dit, qu'indépendamment de l'été & de l'hiver rationels, de l'effet de l'incidence des rayons du foleil fur les furfaces inégales du globe, il faut encore avoir égard à l'état de l'air & du fol relativement à la faifon; à la force & à la direction du vent, pour la production du froid & du chaud par rapport aux faifons: car fi le fol eft extrêmement humide, & qu'il ren-

Tout ce que nous venons de dire eſt relatif à l'ordre général de la Nature, dans la diſtribution des ſaiſons : on en remarque toujours

---

voie dans l'air beaucoup d'exhalaiſons, le chaud ſera plus cuiſant & le froid plus incommode, parce que les particules aqueuſes ſont un véhicule naturel très-propre à imprimer les cauſes du chaud & du froid ſur les corps. Si la température eſt moyenne entre le ſec & l'humide, l'air en toute ſaiſon, par un ciel découvert, ſera plus gracieux, parce qu'en quelque état que l'on ſuppoſe les choſes, les émanations du fluide ignée ſe trouveront plus exac-tement proportionnées avec l'action des rayons du ſoleil & leur force d'incidence. Ces émanations du fluide ignée ſont la baſe permanente de la chaleur : s'il ſe trouve quelques variations dans cette loi, elles ſont légères & doivent être attribuées aux circonſtances accidentelles & locales du climat donné. Ces principes ſont ſenſibles à l'inſpection même des choſes ; ce ſont ceux que j'ai ſuivis conſtamment dans le cours de cet ouvrage, & j'ai vu avec une vraie ſatisfaction que mes idées à ce ſujet étoient conformes à celles d'un des plus habiles philoſophes de notre ſiècle. Je n'ai

les loix fixes & invariables; mais
leur exécution est souvent couverte
par des nuages si épais, par des
obstacles si forts, que l'on ne peut

---

pas distingué comme lui trois fortes d'étés
& d'hivers. L'été & l'hiver folaires, tels
qu'ils existeroient dans chaque climat, par
la feule action des rayons folaires ; l'été
& l'hiver réels tels qu'ils font indiqués par
le thermomètre ; l'été & l'hiver rationels,
ou qui auroient lieu dans chaque climat
en raifon de la latitude, & des caufes générales de la viciffitude des faifons, abf-
tration faite des caufes particulières & locales, comme des bois, des montagnes,
des terres nitreufes, &c. qui altèrent le
degré de froid & de chaud : mon plan n'é-
toit pas de m'aftreindre à ces divifions in-
génieufes, plus méthodiques en apparence,
que la manière dont j'ai traité le même
fujet, mais qui n'ajouteroient rien à la
théorie que j'ai tâché d'établir relativement
à la chaleur & au froid qui fe font fentir
dans chaque climat. C'eft ce que l'on a déja
dû remarquer dans cette Hiftoire, & dont
on trouvera de nouvelles preuves dans la
fuite, fur-tout dans le tome troifième, difcours 4, §. 3, 5 & 6, & dans le tome quatrième, difcours 6, §. 9.

pas se flatter de jamais établir à ce sujet une théorie sûre & des règles sur lesquelles on doive absolument compter. La distance des régions diverses de l'équateur, l'aspect différent de celles qui en sont à un éloignement égal, la multitude des montagnes, la hauteur des terres, l'étendue des plaines, les qualités du sol, sec ou humide, tous ces accidens deviennent autant de causes locales de variations sensibles. Dans les pays les plus voisins de l'équateur, l'été se fait sentir plutôt, dure plus long-temps, & est plus brûlant, comme l'hiver est plus long & plus rude dans les régions qui en sont plus éloignées. En général, tous les pays inclinés à l'équateur, & à couvert des vents secs & froids du nord, quoiqu'à la même latitude, d'un côté de montagne à l'autre, reçoivent plus promptement l'impression des rayons du soleil que les contrées parallèles inclinées au nord, & à l'abri de l'action du soleil. J'ai vu à la fin de Février une

partie de la montagne de la Fayole,
entre Rome & Velletri, encore couverte de neige & de glaces, au point
que les chevaux eurent grande peine
à la traverser; l'air y étoit froid &
très-piquant, l'hiver y conservoit
encore tous ses tristes attributs : de
l'autre côté de cette même montagne, au-delà de Velletri, jusqu'au
bas de Piperno, le même jour, l'air
étoit doux, plus chaud que froid,
les campagnes déja couvertes de
fleurs, & les arbres verds; le printemps y régnoit : un peu plus loin,
sur les bords de la mer, du côté de
Terracine, les premières productions du printemps approchoient de
leur maturité.

Les terrains pierreux & sablonneux conservent plus long-temps
leur chaleur, & s'échauffent plus
promptement & à un plus haut degré que les terres fortes. Il en est de
même des pays secs, par rapport aux
contrées marécageuses & toujours
humides; des forêts aux plaines
découvertes; des plaines aux montagnes,

tagnes, sur-tout si elles sont assez
élevées pour conserver long-temps
leurs neiges. J'ai vu la moisson finie
à la fin de Juin de Montmélian à
Chamberry, tandis que de Chamberry, en rapprochant de la montagne de la Crotte & des frontières
de France, une partie des seigles
étoient à peine en fleurs.

Mais aucune cause locale n'a un
effet plus sensible sur l'état de l'air,
que les sommets glacés des hautes
montagnes, sur les plaines qu'ils dominent : c'est de là que descendent
les froids, les neiges, les grêles &
les pluies que l'on y éprouve. Le
climat du Bourbonnois est fort tempéré, la position en est heureuse,
le sol, plus sec qu'humide & cependant fertile, ne répand pas dans
l'air des exhalaisons nuisibles ; mais
souvent on s'y ressent de la froideur
des neiges qui couvrent les montagnes d'Auvergne & du Forez, sur
lesquelles se forment de fréquens
orages de grêle qui viennent fondre
sur la plaine, & lui ôtent dans un

Tome II.   G

inftant toute efpérance de récolte.
La même chofe arrive dans les cantons de la Suiffe, où l'on trouve des
plaines de quelque étendue ; dans
la Lombardie, à trois ou quatre
lieues des Alpes, dont la température fe fait fentir jufqu'à cette diftance. Les obfervateurs Angloisont
pouffé la chofe beaucoup plus loin.
M. Arbuthnot, dans fon Effai des
effets de l'air fur le corps humain,
affure que les neiges des Alpes influent fur le temps qu'il fait en
Angleterre. M. Derham prétend que
le froid extraordinaire du mois de
Décembre 1708, & les relâchemens
qu'il eut, ayant été apperçus en
Italie & en Suiffe plûtôt qu'en Angleterre, devoient avoir paffé de
l'un à l'autre ; d'où il conclut que
la température des Alpes modifioit
alors celle d'Angleterre. On a obfervé que le froid que l'on reffent
en certain temps à Paris par les
vents du Sud, vient des montagnes
d'Auvergne. Une branche du mont
Taurus en Perfe, quoiqu'à trente

lieues à l'oueft d'Ifpahan, décide du
degré de froid que l'on éprouve en
cette ville, & de la quantité de pluie
qui y tombe. Si ces obfervations
font vraies, comme il eft bien difficile d'en douter; combien de caufes
locales conftituent, même à une fort
grande diftance, les qualités principales de l'air? Au refte, on ne
doit les confidérer que relativement
à la zone tempérée & aux régions
qui s'approchent plus du pole que
de l'équateur: car fous la zone torride, ou dans les pays voifins des
tropiques, ces viciffitudes de l'atmofphère n'ont pas lieu; ce font les
pluies ou les vents, ou l'un & l'autre enfemble qui y font plutôt la
différence des faifons, que la proximité ou l'éloignement du foleil.

Nous avons dit plus haut pourquoi une chaleur & un froid extrême deffèchent également la terre
& fes productions, & pourquoi l'atmofphère participe à ces températures différentes. Il ne fera pas plus
difficile d'expliquer pourquoi le

printemps est humide & l'automne sèche , toujours relativement aux loix générales. Lorsqu'au printemps le soleil commence à agir sur la terre, pleine de l'humidité qu'y ont laissée les pluies d'hiver & la fonte des neiges, il lui faut du temps pour que son action , d'abord très-modérée, excite une évaporation assez forte pour dissiper cette grande quantité d'eau dont la terre est abreuvée, & la mettre dans un état propre à s'échauffer assez pour répondre au but de la nature & aux effets du soleil & de sa chaleur interne : tandis que l'automne trouvant la terre desséchée , & dans ce degré médiocre de chaleur qui contribue à entretenir sa sécheresse , & même à volatiliser les vapeurs aqueuses dont l'atmosphère pourroit être chargée, il est nécessaire que sa température approche plus du sec que de l'humide, toutes choses supposées dans leur état ordinaire. Car si l'été a été pluvieux, les beaux jours sont rares en automne , ainsi que nous venons de l'éprouver en 1767 & 1768. L'humidité dominante est alors une suite de l'état habituel du ciel pendant l'été, & du défaut de chaleur occasionné par les nuages fréquens qui ont intercepté les rayons du soleil, & ont empêché la raréfaction entière des vapeurs abondamment répandues dans l'atmosphère, dans la saison où elle devoit se faire.

Les observations suivantes, faites par d'habiles Anglois, & fondées sur la nature des choses, peuvent jetter quelques lumières sur la cause & les circonstances de cette température dominante, ou du moins nous aider à découvrir quelques-uns de ses effets sensibles. Lorsque le ciel est sombre & couvert, & que l'on est quelque temps de suite sans soleil & sans pluie, il commence par s'éclaircir, & ensuite il tourne à la pluie; c'est ce que nous apprend un journal météréologique qu'a tenu M. Clarke pendant trente ans, & que son petit-fils, le sça-

vant Samuel Clarke, a laissé à
M. Derham : il assuroit que cette
règle avoit toujours paru s'observer,
du moins lorsque le vent étoit tour-
né à l'est. Déja on voit que cette
observation est relative au lieu où
elle se faisoit. Mais M. Derham a
reconnu que la règle avoit également
lieu par tous les vents ; & la raison
en est, suivant lui, assez facile à
trouver. L'atmosphère est alors rem-
plie de vapeurs qui sont à la vérité
suffisantes pour réfléchir la lumière
du soleil & nous l'intercepter, mais
qui ne sont pas encore assez denses
pour se résoudre en pluie & retomber ; en sorte que tant que les vapeurs restent dans ce même état,
le ciel ne change pas ; elles s'y
soutiennent quelque temps de suite, parce que dans cette saison la
chaleur est modérée, & que l'air
est assez pesant pour les soutenir,
ainsi qu'on l'apprend par la hauteur
du mercure dans le baromètre. Dès
que cette chaleur diminue, les vapeurs se condensent & se divisent

en nuages détachés, à travers lefquels le foleil fe montre par intervalles, jufqu'à ce qu'enfin la condenfation ne foit portée au point
de réunir les nuages difperfés qui
retombent alors en pluie. Cette
théorie eft affez fûre pour que l'on
y puiffe compter jufqu'à un certain
point, elle répond exactement à
l'état du ciel pendant 1767 & 1768.
J'ai fait dans ces deux années des
obfervations météréologiques avec
attention : depuis la fin du printemps jufqu'à l'automne fort avancée ; le ciel a été plus fouvent obf-
cur que découvert, les pluies ont
été fréquentes & fort abondantes,
& cependant il n'y a point eu d'i-
nondation, au moins dans nos contrées. Les exhalaifons & les vapeurs
ont été dans un mouvement continuel de condenfation & de raréfaction ; le fluide ignée terreftre
agiffoit avec autant de force que
le foleil ; à peine l'eau étoit-elle
tombée à la furface de la terre,
que divifée de nouveau par un prin-

cipe conftant de chaleur & de mouvement, elle fe répandoit dans l'atmofphère. Ainfi une grande partie
de la maffe d'eau deftinée à arrofer nos climats, étoit dans une
circulation continuelle, tantôt en
l'air, tantôt à terre, mais ne fe
raffembloit point dans les réfer-
voirs ordinaires ; car toutes les
fources, ou étoient à fec, ou four-
niffoient très-peu d'eau. Ce même
état de l'air fe foutenoit par tous
les vents, quoique ceux du fud &
de l'oueft aient plus régné que les
autres, & prefque fans interruption depuis la fin du printemps,
jufqu'au commencemenr de l'automne 1768, & même jufqu'à la
fin de Novembre. Dans tout cet
intervalle, on n'a fait que paffer
alternativement du froid au chaud,
& quand l'air a eu quelque difpofition à devenir fec & ferein,
la même température ne s'eft-pas
foutenue pendant quatre jours de
fuite. Ces variations continuelles
en ont produit de femblables dans

les vents, qui n'ont dû leur existence qu'à l'état de l'atmosphère.
Souvent on a vu un vent chaud
du sud se changer subitement en
un vent froid du nord : les nuages avoient été poussés rapidement
du sud au nord, ou ils étoient
tombés en pluie ou en grêle, &
l'atmosphère épaissie tout d'un
coup de ce côté par la forte condensation des vapeurs dont elle
étoit chargée, forçoit l'air à refluer
en sens contraire & la température
changeoit très-promptement. Si le
matin le vent étoit frais nord, ou est,
dès que la terre étoit échauffée par
l'ardeur du soleil & que l'évaporation s'étoit faite, il prenoit une
autre direction & devenoit sud ou
ouest, & rechangeoit encore dès
que la fraîcheur de la nuit avoit
succédé à la chaleur du jour. Un
autre phénomène encore fort sin-
gulier, & qui tient sans doute à
cette température variable, c'est
que très-souvent il y a eu deux
vents en direction tout-à-fait op-

posée, l'un haut & l'autre bas ; le principal étoit ordinairement ouest ou sud, il nétoyoit pour quelques inflans l'atmofphère de vapeurs, d'exhalaifons & de nuages, qui s'accumuloient au point oppofé du ciel. Dès que la maffe avoit acquis un poids confidérable, il fe formoit un autre courant d'air au-deffous du premier que l'on fentoit à la furface de la terre quelquefois durant quinze ou vingt heures, il tournoit les girouettes & portoit les fumées au fud, & les nuages plus élevés couroient au nord ; pendant ce temps, les mêmes nuages circulant du nord par l'eft ou l'oueft au fud, revenoient fe fondre en pluie fous la direction du vent principal. Ordinairement encore, il ne pleuvoit pas tant que ces deux vents étoient fenfibles, mais dès que l'un l'emportoit fur l'autre, la pluie fuivoit de près le petit tourbillon qui agitoit l'air dans cét inftant. Les tonnerres fréquens qui fe font fait entendre

dans toute cette faison, & les grêles qui ont ravagé tant de contrées
différentes, prouvent encore que
la chaleur a été foutenue dans la
moyenne région de l'air, tandis
que le froid l'emportoit dans la
région inférieure. Ainfi les loix générales de la Nature auroient toujours leurs effets, fi des caufes locales ne les interrompoient.

Le réfultat de toutes ces obfervations fuivies, me paroît donc
être, que tant que l'évaporation
eft abondante & qu'il y a peu d'eau
dans les rivières, les pluies fe foutiennent. Une partie de l'eau qui
tombe à la furface de la terre, s'en
exhale promptement par la force
de fa chaleur interne, & refte dif-
perfée dans l'atmofphère, tantôt
plus haut, tantôt plus bas, & fournit la matière aux pluies fréquentes. Si l'on s'apperçoit alors de
quelques crues d'eau, elles ne font
que momentanées & produites par
des pluies d'orages, des nuées épaiffes qui fondent tout d'un coup fur

G vj

des terres dures & pierreuses, qui ne peuvent pas les absorber, eu égard à leur abondance extrême. On ne peut donc espérer de beau temps que lorsque les rivières ont augmenté considérablement par les eaux qu'elles reçoivent des différentes sources qui les entretiennent, ce qui n'arrive qu'après que l'atmosphère est déchargée de la quantité surabondante d'eau qu'elle soutenoit, & que les vents du nord à l'est y ont porté la sécheresse & la sérénité.

Ces causes particulières de température deviennent insensiblement communes à toute une partie du globe : si elles sont constantes dans la zone tempérée, elles influent sur l'état de l'air de la zone glaciale, & des terres & des mers les plus voisines du pole. Ces plages sont alors inabordables, les orages y sont continuels, la disposition du ciel y est affreuse, il est impossible d'y faire les pêches accoutumées ; & les deux ou trois mois de beau temps, dont on jouit d'ordinaire à ces extrémités de la terre, lorfque le foleil les éclaire continuellement, font remplacés par des pluies, des frimats, de la neige même, de la grêle & des tempêtes qui rendent ces climats encore plus horribles qu'ils ne le font pendant l'obfcurité & les rigueurs de l'hiver.

§. I X.

Caufes des intempéries extraordinaires.

LES viciffitudes extraordinaires aux faifons, les intempéries de froid & d'humide que l'on éprouve en été, la féchereffe & la chaleur qui règnent quelquefois en hiver, doivent donc être attribuées aux pluies & aux vents accidentels qui n'ont point de loix certaines, point de temps réglés. Les effervefcences fouterraines, le concours

des exhalaifons diverfes, l'embra-
fement des matières fulfureufes
qui font plus ou moins violentes,
qui s'étendent plus ou moins dans
l'atmotfphère, relativement aux
difpofitions qu'elles trouvent au
centre de leurs foyers, contribuent
encore à varier les difpofitions de
l'air.

L'hiver de 1755 à 1756, fut
plus chaud que froid ; à peine y
eut-il quelques gelées avant le mois
de Janvier, & l'on vit feulement
des glaces peu épaiffes fur les eaux
ftagnantes, même dans les Provinces feptentrionales de la France.
L'atmofphère dont la température
fut conftamment très-douce, étoit
prefque toujours chargée de vapeurs qui fe réfolvoient en pluies;
les vents de fud & d'oueft dominerent. Ne peut-on pas attribuer
ces variations fingulières, au tremblement de terre affreux qui renverfa la ville de Lisbonne, & qui
fut précédé & fuivi par quantité
de météores ignées, répandus dans

l'air, non-feulement en Portugal
& en Efpagne, mais dans tout
le refte de l'Europe & dans les
provinces les plus reculées au nord ?
Ces phénomènes fe montrèrent
d'abord au midi, & en même
temps qu'ils annonçoient une fermentation fouterraine, par la quantité d'exhalaifons difperfées dans
l'air qui fervoient à les former,
ils ne pouvoient qu'imprimer une
modification infolite à l'atmofphère fur laquelle ils agiffoient
immédiatement.

Dès le 29 Juillet 1755, on vit
à Séville une fufée lumineufe, qui
courant du nord-oueft au nord-eft
pendant une minute, éclaira affez
l'horizon pour qu'on pût lire ; elle
fe termina par plufieurs étincelles
qui furent comme la femence des
phénomènes qui fe renouvellerent
fous la même forme vers le nord-
eft pendant plufieurs nuits du mois
d'Août. On vit dans le cours du
même mois, à l'entrée de la nuit,
en plufieurs endroits de l'Efpagne

& du Portugal, des traînées épaiſſes, de couleur de feu, qui du-
rerent pendant une demi-heure;
la lune paroiſſoit environnée d'un
cercle rouge, & l'eau des ſources
diminuoit tout-à-coup, ſans qu'on
pût encore en deviner la cauſe.

Dans le mois d'Octobre ſuivant,
ces phénomènes devinrent plus fréquens & plus marqués. Le 7, à
Lucena en Andalouſie, la lune parut plus lumineuſe, & ſon diamètre plus large qu'à l'ordinaire,
avec des pointes ou rayons émouſ-
ſés, preſque égaux à ſa grandeur.
Le 14 à ſept heures & demie du
ſoir, on vit du même endroit deux
cercles concentriques autour de la
lune, l'extérieur d'un verd noir,
l'intérieur blanc, ſur lequel des taches obſcures formoient comme
des écailles de ſerpent : on vit en
même temps à Xerès un globe de
feu pendant la nuit. Le 15 il y
eut à Ibros une tempête accompagnée de pluies extraordinaires
& de tonnerres, ſuivis d'une mau-

vaise odeur qui se répandit au loin : l'eau des puits, des fontaines & des rivieres baissa par-tout, malgré les pluies. La violence de la fermentation intérieure qui agissoit déja sur la surface du globe, volatilisoit très-promptement toutes ces eaux, d'où sortoit une abondance d'exhalaisons & de vapeurs qui formoient des nuages épais qui obscurcissoient l'éclat du soleil, & des cercles qui paroissoient à la lune de couleur orangée, rouge & bleue. Depuis le 23 jusqu'au 27, on apperçut au pied des Pyrénées, une grande clarté rougeâtre qui duroit plusieurs heures. La lune ne se montra plus qu'avec des cercles irisés. On vit à Huelva, pendant trois nuits de suite, le 28, le 29 & le 30, des exhalaisons lumineuses à différens temps. Le 30 & le 31 Octobre, on sentit à Lillo en Espagne, le temps étant clair & serein, une odeur forte & fétide. A Olias, la lumière des chandelles

fut fenfiblement offufquée par l'a-
bondance des exhalaifons ; le même jour peu après le coucher du
foleil, parurent près de Lisbonne
au midi , plufieurs nuages un peu
noirs, de figure conique , difpo-
fés entr'eux comme les rais d'une
roue. Tels furent une partie des
phénomènes qui annoncerent au
midi de l'Europe, le terrible tremblement de terre qui dévafta Lisbonne & une partie du Portugal,
le premier Novembre, à neuf heures vingt minutes du matin. La
première fecouffe dura une minute
& fut foible; la feconde fecouffe
fe fit fentir une demi-minute
après , elle fut plus violente, dura
huit ou dix minutes, & caufa quelques ruines. Deux minutes après
arriva la troifième fecouffe , qui
renverfa douze mille, tant églifes
que palais, édifices publics & autres maifons; fes mouvemens op-
pofés les uns aux autres , cauferent
ce bouleverfement affreux. Le même jour dans toute l'Efpagne, dans

les provinces méridionales de la France, dans le Milanois, & jusqu'en Suisse, on ressentit des tremblemens de terre plus ou moins forts. Pendant tout le reste de l'année, la terre conserva un mouvement d'agitation qui fut sensible, non-seulement en Espagne & dans les pays voisins, mais encore dans la plupart des provinces de France ; on les ressentit en Bourgogne à diverses reprises, & leur direction étoit de sud-ouest à nord-est : ils se continuerent par les régions les plus septentrionales jusqu'en Islande, & même dans le Groënland.

On ne peut presque pas douter que l'atmosphère de l'Europe ne fût alors généralement chargée de quantités d'exhalaisons sulfureuses qui y dominerent le reste de l'année & une partie de la suivante, qui se réunirent sous différentes formes & s'enflammerent dans les endroits où la pluie ne les entraîna pas dans sa chûte, mais qui fu-

rent fenfibles par la chaleur qu'elles
entretinrent dans l'air.

On vit le 28 Novembre à Vexio
dans le Smaland ou Gothie méridionale, un globe de feu femblable à la pleine lune, allant de
fud-oueft au nord-eft, & traînant
une queue lumineufe de vingt
braffes, d'où tomboit beaucoup
d'étincelles qui fe terminerent par
une épaiffe fumée. Près de ce globe
parut un autre corps lumineux qui
s'abaiffa vers la terre fous la forme
d'une longue pièce d'étoffe & qui
répandoit beaucoup de clarté. Ce
phénomène, eu égard à la latitude
où il fut apperçu, pouvoit bien
être formé de la matière d'une
aurore boréale, mais que les difpofitions de l'atmofphère chaudes
& humides, empêcherent de s'é-
lever & de prendre plus de développement.

Le 3 Mars fuivant, on vit à
Berne, dans le pays de Vaud,
dans les montagnes de l'évêché de
Bafle & ailleurs, entre le fud &

l'oueſt, un Météore ignée ſous la forme d'une fuſée, qui ſe termina par un globe très-brillant d'un feu bleuâtre, dont le diamètre paroiſ-ſoit être de la grandeur de ce-lui de la lune : il dura peu, mais il parcourut un eſpace conſiderable. Deux jours après il parut ſous la même forme à Aigle & à Vevay, ſur le lac de Genève ; on l'obſerva auſſi à Avignon le 4 & le 5 du même mois ; ce qui prouve que les exhalaiſons alors répandues dans l'atmoſphère étoient de la même qualité quoiqu'à de très-grandes diſtances. Ces mêmes exhalaiſons ſe raréfierent au point de produire des vents locaux & ſecs. Ainſi il s'éleva le 18 Mars, dans les en-virons de Clermont en Auvergne, un vent qui devint ſi terrible, qu'il renverſa les arbres & les mai-ſons dans l'eſpace de trois à qua-tre lieues : cet ouragan ne dura que deux heures.

Le 3 Avril ſuivant, à l'entrée de la nuit, on apperçut d'Avignon vers le fud-eft , un globe de feu auffi lumineux que la lune en fon plein ; trois fecondes après , ce globe pouffa une traînée vers l'oueft, & finit en forme de fufée volante nuancée des couleurs de l'arc-en-ciel, & terminée par trois pointes, de chacune defquelles fortit une étoile femblable à celles des feux d'artifice. Ce Météore fut vu le même jour & à la même heure, à Cannes en Provence & à Nice, mais d'un volume plus confidérable. A Nice , la fufée fut terminée par quatre étoiles couleur de foufre. Ce phénomène fut fuivi d'une explofion violente , égale pour le bruit à deux coups de tonnerre.

Je me fuis étendu avec quelques détails fur les phénomènes qui ont précédé & fuivi le tremblement de terre de Lisbonne , parce qu'ils me femblent établir les caufes de ces variations extraordinaires des qualités de l'atmofphère ; qui donne à une faifon

une température toute opposée à
celle à laquelle on devoit s'attendre. Il n'est pas étonnant que ces
causes se fassent sentir à une très-
grande distance des endroits auxquels on peut fixer leur origine;
l'air, comme tous les autres grands
fluides, a ses courans d'une étendue proportionnée à sa masse; ce
sont les vents qui en déterminent
la direction, & qui peuvent transf-
porter fort loin les vapeurs & les
exhalaisons qui sortent de certaines terres. Ainsi les vapeurs chaudes & sulfureuses dont étoit ex-
traordinairement chargée l'atmosphère du Portugal & d'une partie
de l'Espagne, portées sur ce fluide
& poussées par un agent impétueux, ont dû se répandre sur une
grande partie de l'Europe; à la
vérité fort mêlangées avec les diverses substances qu'elles rencon-
troient dans leurs cours, mais dans
une quantité toujours assez considérable pour dominer dans l'atmosphère. On ne sera pas étonné

de la diſtance à laquelle ſe portent ces exhalaiſons ſi légères & ſi
volatiles de leur nature, ſi l'on ſe
rappelle que divers Hiſtoriens,
qui ont parlé des éruptions du
Véſuve, diſent que les cendres
qu'il rejettoit alors, étoient em-
portées par les vents juſqu'à Rome,
en Syrie, en Egypte & en d'autres
endroits de l'Afrique.

Mais comme diverſes matières
peuvent fermenter dans le ſein de
la terre, & donner lieu à une
élévation conſidérable d'exhalaiſons & de vapeurs, ces ſubſtances
hétérogènes & ſouvent nouvelles,
relativement à celles qui ont coutume de ſe répandre dans l'atmoſphère, peuvent auſſi-bien y
établir un froid extraordinaire, que
de la chaleur. Je n'en irai pas chercher la preuve bien loin du temps
auquel j'écris. En 1767, les tremblemens de terre ont été très-fréquens en diverſes parties de l'Alle-
magne, de la Suiſſe & de la France:
n'ont-ils pas été la cauſe occaſion-
nelle

nelle de ces gelées tardives, pro-
longées bien au-delà du terme qui
semble leur être fixé , & qui
anéantirent l'espérance de la plus
belle récolte dans la plupart des
Provinces de la France? Toute l'atmosphère sembloit alors être imprégnée de corpuscules nitreux &
salins, qui rendoient sa température âcre, piquante & très-froide.
Par les relations que l'on a eues de
ces divers tremblemens de terre,
on apprend qu'ils ont été accompagnés par-tout de vents impétueux, occasionnés sans doute par
le mouvement extraordinaire que
mettoient dans la masse de l'air
les exhalaisons différentes que la
terre rejettoit de son sein avec
effort. La nuit du 12 au 13 du
mois d'Avril, le tremblement de
terre que l'on ressentit à Gotta,
Cassel, Gottingue, Rottembourg,
& tout le long des rivières de
Fulde & de Véra, fut accompagné de vents très-violens & de
tous les signes d'une éruption consi-

dérable. Des particuliers qui se trouverent pendant cette nuit dans la
campagne près d'Ulrichstein, en
Hesse, rapporterent que le ciel,
qui jusqu'à minuit avoit été très-
serein, se couvrit alors de nuages,
& qu'en même temps il s'eleva
un vent très-violent. Ils s'apper-
çurent environ une heure après,
en retournant à la ville, qu'il
sortoit de la surface d'un pré, une
colonne d'exhalaisons très-épaisses,
qui s'étendoit de l'ouest au nord-est
par dessus la ville en forme d'un
nuage oblong; son cours étoit assez
rapide, & une montagne les em-
pêcha de voir jusqu'où elle s'étendoit : ils apprirent en arrivant à
Ulrichstein, que l'on y avoit ressenti des secousses assez vives d'un
tremblement de terre dont ils ne
s'étoient pas apperçus en pleine
campagne. Quelques jours auparavant, à Gernsheim, dans le Land-
graviat de Darmstad, quoique le
ciel fût très-serein, le thermomètre
descendit tout d'un coup de neuf

degrés; le soir du 11 Avril, on obferva une grande variation dans le baromètre, & vers les dix heures il s'éleva un vent très-fort qui ne dura que quinze minutes ; enfin le 15 entre deux & trois heures du matin, on reffentit dans l'efpace d'un quart d'heure, deux violentes fecouffes de tremblement de terre, qui furent accompagnées d'un bruit fouterrain du fud-eft vers l'eft nord-oueft.

A Bourgneuf fur la Loire, à huit lieues de Nantes, le 6 Avril, il s'éleva au nord-eft un vent impétueux qui ne dura qu'une heure & demie ; l'air devint calme : à une heure & demie du matin, le vent commença à fouffler légèrement au nord-nord-eft, & auffi-tôt on reffentit une vive fecouffe de tremblement de terre dans toute la ville & la rade de Bourgneuf, les barques, les bateaux & les canots furent très-vivement agités ; une demi-heure après on entendit un grand coup de tonnerre, ou plutôt un

bruit d'explosion venant de la partie où le tumulte souterrain avoit
paru se fixer. L'air se refroidit
alors sensiblement, au point qu'il
gela très-fort en Bretagne pendant
les nuits du 16 au 19 Avril; la
même température se fit sentir
dans la plus grande partie des
provinces de France & d'Allema-
gne. Ne pourroit-on pas l'attribuer aux mouvemens intérieurs de
la terre qui agiterent la plupart
de ces contrées, & répandirent
dans l'air une quantité extraordinaire de sels & de nitres fort
raréfiés, dont l'effet dut être de
rafraîchir l'atmosphère, & de causer ces gelées désastreuses ?

Ces conjectures sont d'autant
plus vraisemblables, que, outre le
froid négatif qui consiste dans la
cessation du mouvement de la chaleur, on peut croire qu'il y a un
froid positif & produit par la présence de quelques corps. On sçait
que par l'introduction de certains
sels dans l'eau, on fait de la glace

au fort de l'été ; quelle que soit la chaleur de l'air, on voit des effets de la gelée qui subsistent dans des lieux dont l'atmosphère paroît fort échauffée : tout cela n'annonce-t-il pas une matière étrangère répandue dans l'air, une cause positive du froid qui n'est pas surmontée par la chaleur, mais qu'au contraire elle semble rendre plus active, au moins par rapport à certains corps ?

Supposant donc qu'une grande quantité de particules salines & nitreuses aient été exaltées & répandues dans l'air, soit par le mouvement convulsif de la terre, soit par l'action du soleil & des vents qui les auront raréfiées & dispersées dans une étendue considérable de l'atmosphère, ce seront autant de cloux ou de petits dards qui s'enfonceront & s'embarrasseront entre les rameaux de l'air ou entre ses lames spirales ; & réciproquement ces lames étant ainsi embarrassées, se joindront plusieurs enfemble, feront des pelotons plus gros & plus ferrés qu'auparavant; & l'air imprégné de ces corpuſcules, formera un tout moins fluide & plus denſe. Or, (*a*) que l'activité communiquée par le ſoleil à la matière ſubtile, ſoit émouſſée par une plus grande épaiſſeur de l'atmoſphère à traverſer, comme il arrive généralement en hiver & preſque toujours dans les parties les plus ſeptentrionales du globe; que cela ſe faſſe par un aſſemblage d'air ou d'autres ſubſtances qui forment un tout plus denſe, moins diviſible, & plus propre à éteindre le mouvement du fluide qui circule entre les interſtices de l'air & qui le pénètre; que ce ſoit par l'une ou l'autre de ces cauſes, l'effet en ſera le même. De l'affoibliſſement de l'action de la matière ſubtile ſuivra

---

(*a*) *Voyez* la Diſſertation ſur la glace, par M. de Mairan, *pag.* 1., *c.* 8,

la congélation de l'eau, à un degré proportionné à l'interruption de la chaleur. Non seulement les liquides, mais les corps plus solides en apparence, qui commencent à se former & qui sont encore dans une sorte de fluidité, dont les parties sont plutôt contigues que solidement affermies, seront plus aisément pénétrés par ces corpuscules salins & nitreux, qui les altéreront considérablement s'ils n'en causent pas la dissolution totale. Car les particules intégrantes de la plupart des sels, sont comme autant de petites pyramides droites, roides, aigues & tranchantes ; on en juge ainsi par le picotement qu'ils excitent sur les fibres du palais & les papilles nerveuses de la langue, par les esprits qu'on en tire, qui sont de forts & prompts dissolvans, & par les figures qu'ils prennent dans leur crystallisation.

Ces corpuscules dont l'atmosphère est chargée, venant à s'arrê-

ter fur les végétaux encore naif-
fans, fur les tendres bourgeons de
la vigne & fur les feuilles nouvelles, fur les fleurs lorfqu'elles fe
développent & avant que le fruit
n'ait pris fa première forme, s'y
attachent tant à caufe des vapeurs
dans lefquelles ils font mêlés, que
par la tranfpiration abondante de
ces jeunes plantes. Tant qu'ils font
enveloppés dans ces vapeurs, leurs
pointes & leurs tranchans ne paroiffent caufer aucun dommage aux
végétaux ; ce n'eft que lorfque les
rayons du foleil venant à les frap-
per pendant qu'ils font couverts
de toutes ces fubftances hétérogènes , la chaleur raréfie les vapeurs
qui fe diffipent, exalte les fels, qui
agiffant alors en tout fens, divifent promptement le foible tiffu
des plantes, qui noirciffent , fè-
chent & tombent en pouffière. Si
on pouvoit intercepter l'action du
foleil, l'effet de ces gelées accidentelles feroit nul quant à ces
végétaux : c'eft une vérité dont

font perfuadés les cultivateurs les
moins éclairés. J'ai vu fouvent
dans les fraîcheurs du mois de Mai,
lorfque la difpofition de l'air annonçoit une gelée prochaine, les
vignerons aller la nuit dans les
vignes, y ramaffer du bois fec
qu'ils chargeoient d'herbes vertes
& de pailles mouillées; ils allu-
moient le feu au-deffus du vent
au lever du foleil, & la fumée
qui fe répandoit fur leurs vignes,
en même temps qu'elle fondoit les
fels raffemblés fur les feuilles tendres, les couvroit d'un nuage qui
interceptoit les rayons du foleil,
empêchoit en grande partie les ravages de la gelée.

Quelques obfervations fur la
difpofition de l'air par ces froids
extraordinaires, me font croire
qu'ils doivent leur exiftence au
nitre répandu dans l'atmofphère.
La nuit du 16 au 17 Avril 1767,
le vent étant nord nord-oueft, la
gelée fut très-vive. Le 18 le ciel
fut clair & brillant; à fix heures

H v

& demie du ſoir, immédiatement
après le coucher du ſoleil, le ciel
fut à l'oueſt, teint des plus vives
couleurs de l'arc-en-ciel, diſtin-
guées par bandes horizontales,
bleues, rouges, jaunes, orangées
& vertes : ces bandes s'étendoient
du midi au nord par le couchant;
le vent étoit frais, & toute la partie du nord chargée de nuages
épais & obſcurs qui donnerent de
ce côté un peu de neige à ſept
heures & demie environ, tandis
que la partie du ciel oppoſée, con-
ſervoit encore les belles couleurs
dont j'ai dit qu'elle étoit teinte,
& qui ſe ſoutinrent tant que la
lumière du crépuſcule dura. Peu-
à-peu les nuages s'étendirent ſur
tout le ciel viſible ; la neige aug-
menta pendant la nuit du 18 au
19 , pendant une partie du jour
ſuivant, & fut plus abondante encore la nuit du 19 au 20 ; elle ne
fondit que le 21. Ces couleurs
différentes qui peignoient l'horizon au couchant, leur vivacité &

leur situation annonçoient dans l'air une disposition semblable à celle que l'on croit nécessaire pour la formation des aurores boréales, ainsi que nous le dirons dans la suite ; & dès-lors une grande quantité d'exhalaisons salines & nitreuses, répandues dans l'atmosphère, & une densité sensible dans l'air qu'occasionnoit le froid piquant que l'on ressentoit par-tout : cette densité arrêtant en partie ou diminuant beaucoup le mouvement de la matière subtile ou du fluide quelconque auquel on doit rapporter la chaleur.

Les variations continuelles de froid & de chaud, de sécheresse & d'humidité que nous avons éprouvées pendant la plus grande partie de l'année 1768 ; le désordre apparent dans les loix générales de la Nature dont les effets se font à peine sentir au moins relativement à nos climats ; les orages qui s'y succèdent, ne sont-ils pas encore la suite de quelques mouve-

H vj

mens extraordinaires, ſemblables à
ceux qui ont cauſé les dérangemens
ſenſibles des années précédentes,
& dont nous avons parlé plus haut?
Je ne citerai pas ici comme un phénomène ſingulier, le froid extrême
qui s'eſt fait ſentir quelques jours
après le ſolſtice d'hiver, on ne s'eſt
pas apperçu qu'il ait cauſé aucun
dommage ; on devoit s'y attendre
dans cette ſaiſon : mais à la fin de
l'hiver & au printemps, la terre &
l'air ont été dans une agitation extraordinaire à toutes les extrémités de l'Europe. On y avoit eu à
peu près la même douceur de température qui s'étoit d'abord fait
ſentir dans nos climats ; les principes de chaleur qui s'étoient développés trop tôt, trouvant dans
les matières que l'évaporation répandoit dans l'air, des obſtacles
qu'ils vouloient vaincre, il en eſt
réſulté des chocs très-violens entre
les cauſes d'effets tout-à-fait contraires, qui ont produit des ouragans terribles, des tremblemens

de terre & des phénomènes de toute espèce, que l'on ne peut attribuer qu'à une espèce de combat entre les principes du chaud & du froid, de la sécheresse & de l'humidité, dont les suites ont été plus marquées dans les régions extrêmes qu'au centre.

Le 18 Février on essuya à Konisberg, en Prusse, un ouragan affreux, qui dura depuis cinq heures du soir jusqu'au lendemain matin : le tonnerre accompagné des éclairs les plus vifs, se fit entendre, la foudre tomba sur le temple de Brandebourg, à trois milles de Konisberg, & l'embrasa ; en même temps la neige fut si forte que les toits des maisons en étoient couverts à la hauteur de cinq pieds ; on ne se souvenoit pas d'en avoir vu une quantité aussi prodigieuse, même dans les hivers les plus longs & les plus rigoureux. Le 27 du même mois, à deux heures trois quarts du matin, on ressentit à Vienne une secousse de tremblement de terre, assez violente, dont la direction étoit de nord-est à sud-ouest, elle dura huit secondes, & ne causa aucun dommage ; mais les effets en furent plus marqués à Neustad, en Basse-Autriche, le château de l'Ecole-Militaire fut ébranlé au point qu'on a été obligé de le reconstruire presque en entier : les paysans des campagnes voisines de cette ville, furent tellement secoués dans leurs lits, qu'il leur sembloit être poussés en l'air par la force d'un mouvement souterrain, accompagné d'un bruit assez fort, qui se faisoit entendre en même temps. Ils virent sortir quelques flammes des montagnes du Schneberg, & derrière ces montagnes, le bruit fut plus remarquable encore & plus caractérisé, il imitoit celui de l'eau bouillante ; dans le bourg de Wilmetsch, il sortit une fontaine d'eau vive du milieu d'une grange. Tous ces phénomènes accompagnèrent le tremblement de terre & furent remarqués en divers endroits aux environs des montagnes voisines de Neustad, où étoit son foyer. On le ressentit aussi à Presbourg, en Hongrie, mais moins vivement; il y fut suivi, ainsi qu'à Vienne, d'inondations extraordinaires. Au mois de Mars suivant, il y eut en Suède un ouragan impétueux, pendant lequel il tomba une horrible quantité de neige, qui fit beaucoup de ravages à Stockolm & dans ses environs. A Lidkioeping, petite ville de la Vestrogothie, la plupart des maisons furent abymées, & plusieurs personnes furent accablées par des masses énormes de neige, sous lesquelles on les trouva mortes. La nuit du 14 Mars, on ressentit dans le duché de Schleswich, un tremblement de terre, qui fut suivi pendant quatre jours de vents si impétueux, que les forêts de Danemarck en furent considérablement dégradées, & presque tous les arbres fruitiers arrachés. De-là, l'ouragan passa à Dantzick, & le 18 de Mars, il s'y fit sentir avec tant de violence, que l'on ne se souvenoit pas d'avoir rien vu de semblable, tous les édifices élevés, les magasins, & quantité de maisons en furent abattues ou fort endommagées, les granges dispersées dans la campagne, furent renversées ; un vaisseau qui étoit à la rade & que les glaces avoient empêché d'entrer dans le port, fut englouti avec son équipage entier; pendant ce temps il tomboit une neige épaisse, qui continua encore long-temps.

À l'autre extrémité de l'Europe, la température étoit aussi froide qu'au nord, il geloit violemment, mais l'air étoit sec & le ciel serein. On y remarqua des phénomènes d'une espèce différente, & qui étoient un effet combiné de la chaleur du mois de Février & du froid que l'on éprouvoit alors. Le 9 Mars, vers les neuf heures & demie du matin, l'air étant serein & fort froid, on entendit à

Villefranche , en Rouergue , un
bruit confidérable dans l'atmofphère , & l'on vit en même-temps un
nuage très-élevé , dont l'extrémité
étoit terminée par une efpèce de
globe : ce nuage pouffé rapidement
vers le midi , s'abaiffa fort près
de la terre , confervant toujours
fon même mouvement , & paffa
à côté de deux hommes auxquels
il fit éprouver l'impreffion d'un
vent très-violent : il s'enflamma
à quelques diftance d'eux , avec
une explofion femblable au bruit
de fix coups de canon confécutifs,
dont les deux derniers furent moins
forts que les quatre autres , & fe
diffipa par un tourbillon de fumée
épaiffe. Le même jour , à cinq
heures un quart du matin , il parut en Languedoc , plus au midi ,
un Météore de la couleur d'un
feu bleuâtre , ayant la forme d'un
cône de dix pieds de longueur ,
fur une bafe d'environ un pied
de diamètre : on l'apperçut d'abord
fur le fommet d'une montagne ,

d'où il defcendit rapidement, en fe divifant en étoiles d'un feu plus brillant. Ces étoiles fe changèrent en étincelles qui fe foutinrent en l'air un demi-quart d'heure, & enfin dans l'inftant où tout fe diffipa, on entendit un explofion femblable à un coup de tonnerre qui laiffa dans l'air de fortes vibrations relatives au fon qu'il y avoit produit.

Dans nos provinces (en Bourgogne) le froid qui commença à fe faire fentir le 3 de Mars, & qui alla en augmentant jufqu'au onze, fut prefqu'auffi vif qu'au commencement de Janvier ; le thermomètre étant defcendu à deux degrés & demi au-deffous de zero : il fut accompagné d'un air pur & d'un ciel ferein, qui commença à s'obfcurcir par quelques nuages qui s'accumulèrent à l'oueft, & augmentèrent jufqu'au treize, que le dégel commença par un brouillard épais, fuivi le lendemain d'une pluie qui amena une température beaucoup plus douce ; mais on ne remarqua dans l'air aucun phénomène extraordinaire que des brouillards aëriens à différentes hauteurs ; il y eut même d'affez beaux jours dans tout le refte du mois , parce que les vents furent plus conftans au nord qu'à tout autre point.

Le 3 Avril, vers les deux heures un quart du matin , on reffentit à Pau une violente fecouffe de tremblement de terre , qui dura environ une minute : elle fut plus forte dans la campagne , & furtout vers la montagne , le ciel étoit alors ferein & l'air très-calme. Le 25 du même mois, à quatre heures & demie après midi , la terre trembla au port de l'Orient en Bretagne : la fecouffe fut accompagnée d'un bruit affez femblable à celui du frottement de deux barres de fer l'une contre l'autre. Il ne dura qu'environ une minute , & ne fut fuivi d'aucun fâcheux événement. Je ne mets pas au rang des phénomènes furprenans , le tremblement de terre qui se fit à Naples le 30 Avril entre six & sept heures du soir ; il fut suivi d'un bruit souterrain assez fort pendant deux jours du côté du Vésuve, & qui faisoit craindre une nouvelle éruption du volcan. Ces sortes de mouvemens ont une cause si déterminée dans ce pays, & l'on y est tellement accoutumé, qu'ils ne font presque point de sensation ; la position en est si heureuse, que l'on ne s'apperçoit pas même qu'ils changent les qualités de l'air, si ce n'est dans les grandes éruptions.

Cette impulsion générale & si violente par intervalles, qui agissoit dans toute l'Europe d'une extrémité à l'autre, se fit sentir jusqu'en Angleterre : à Shipton, à Heigly, & en d'autres endroits de la partie orientale du duché d'Yorck, il y eut le 15 Mai, de violentes secousses de tremblement de terre. Le terrain de Lisbonne exposé à des bouleversemens si formidables, trembla d'une manière très-sensible le 9 Juin à deux heures vingt-quatre minutes ; les secousses durèrent environ trente secondes, avec un grand bruit soûterrain : leur direction étoit de nordest à sud-est ; elles cessèrent non pas en s'affoiblissant peu à peu, mais tout à coup, ainsi qu'elles avoient commencé ; on les ressentit à plusieurs lieues de la ville, & sur les deux bords du Tage, où elles ne causèrent point de dommage considérable. Dans le même temps nous avions une température plus chaude que froide. Le 8 de ce même mois, les vents furent très-incertains, l'air étoit chargé de nuages épais qui donnèrent du tonnerre & de la pluie à différentes reprises ; enfin le vent se détermina au sud, & fut très-impétueux jusqu'au 12.

Je ne pousserai pas ces observations plus loin ; je ne les ai rapportées que pour faire voir que les phénomènes extraordinaires, & qui, dans toute l'Europe, ont eu des effets si violens & si variés depuis le mois de Février jusqu'au mois de Juin, n'ont pu être produits que par des substances tout-à-fait opposées entr'elles, qui se font élevées de différens points de la terre & dont les mouvemens dont nous avons parlé annonçoient l'éruption. Elles se sont montrées sous des formes diverses; au nord, l'humidité a été extrême, & les neiges d'une abondance inouie; au midi, on a vu des Météores ignées produits par le phlogistique répandu dans l'atmosphère & condensé par un froid très-vif; mais comme cette matière ne se perd point, que dans ses plus grands effets, elle ne fait que se diviser sans se consumer : ce mélange de substances de qualités opposées, qui enfin se font répandues dans toute l'atmosphère, y ont établi cette température indécise, plus humide que sèche, plus froide que chaude, si propre à produire des orages fréquens, & sur-tout les grê-

les qui ont défolé toutes nos contrées les unes après les autres, &
qui ont continué même dans une
faifon déja avancée, où d'ordinaire
on ne redoute pas ces fléaux.

Plus j'ai obfervé la difpofition
de l'air dans cette année, lors de
fes mouvemens les plus marqués,
plus j'ai cru m'appercevoir que les
Météores différens fe formoient
dans la région la plus baffe de l'atmofphère; tandis qu'une férénité
continuelle régnoit à une plus grande élévation, les caufes de la chaleur & de la féchereffe tenoient le
deffus, celles de l'humidité & du
froid circuloient plus bas. Voici à
ce fujet une obfervation fingulière
du premier Septembre 1768. Le
vent avoit été fud-eft toute la ma-
tinée. A une heure après midi les
nuages accumulés, prirent leur direction de fud à nord-oueft, & il
fe forma un orage de tonnerre &
de pluie très-forte, qui dura environ deux heures. Avant que la
pluie ne tombât, lorfque le ton-

nerre commençoit à gronder au
sud , je remarquai très-distincte-
ment à mon zénith , une matière
très-ténue & fort légère qui étoit
dans un mouvement circulaire &
rapide. Elle n'avoit point de centre marqué , mais elle tournoit au
même endroit sans s'en écarter :
elle étoit plus élevée que les nuages , & je continuai de la voir
jusqu'à ce que l'air fût entièrement obscurci. C'est la même où
le tonnerre se fit entendre pendant
plus d'une heure , jusqu'à son dernier roulement , qui fut terminé
par un bruit semblable à un fort
coup de canon. Lors de ce tournoiement , n'étoit-ce pas le phlogistique ou la matière fulminante
qui se réunissoit à ce point , & qui
après avoir été long-temps à se con-
denser dans la substance froide &
humide de la nuée qui l'environ-
noit , la divisa & se répandit au
moment de cette violente explosion ?

Que l'on y fasse attention , presque

que toutes les années où la Nature
femble être dans un état convulſif,
où les tonnerres précèdent le retour
de la belle faiſon, où les tremblemens de terre ſont fréquens & généralement répandus ; il ne faut
pas s'attendre à avoir des faiſons
réglées, une température qui réponde au degré d'élévation du ſoleil ſur notre hémiſphère ; tout paroît confondu, la faiſon fèche eſt
remplacée par une humidité continuelle, qui entretient dans l'air
une fraîcheur incommode & ſouvent nuiſible, dans un temps où
l'on devroit éprouver une chaleur
fenſible & conſtante. On ne reconnoît plus la marche ſage & réglée
de la Nature, le bel ordre qu'elle
obſerve eſt renverſé, les effets généraux cèdent à des cauſes particulières, produites par des phénomènes nouveaux & extraordinaires,
qui ſe ſuccèdent rapidement, &
dont la matière en certaines années, paroît inépuiſable.

Il faudroit en quelque forte ſe

refuser à l'évidence du raisonne-
ment & à la certitude des obfervations, pour ne pas fentir combien toutes les caufes accidentelles
dont nous venons de parler, font
capables d'influer fur les viciffitudes des faifons & fur les qualités
de l'air. Mais comme il n'eft pas
poffible de prévoir ces caufes, qu'on
ne peut tout au plus que prévenir
quelques-uns de leurs effets, lorfqu'elles exiftent fenfiblement ; il fera
toujours vrai que les climats que
nous habitons, font ceux où il y
a le moins de chofes fûres à dire
fur les variétés à venir de leur température, fur le degré de féchereffe
ou d'humidité, de froid ou de
chaud des faifons. Les pluies y font
rarement générales, & tombent indifféremment par tous les vents.
Le même vent qui donne la féchereffe à une province, caufe des
inondations dans une autre. Aux
mois d'Octobre & de Nov. 1766,
pendant qu'on ne parloit que d'o-
rages, de pluies & de déborde-

méns de rivières, en Auvergne sur-
tout, & dans le Bas - Languedoc,
la Bourgogne, la Champagne, &
tout le nord de la France, éprou-
voient tous les inconvéniens d'une
sécheresse excessive. Quelques années auparavant, la partie septentrionale de la Bourgogne eut des
pluies si constantes pendant les mois
de Juillet & d'Août, que l'on y
perdit une partie des grains qui
germèrent sur pied, parce qu'on
ne pouvoit pas les recueillir; tandis que le temps fut serein & chaud
dans la partie méridionale de la
même province, où l'on fit une
excellente récolte.

Ce que l'on peut dire de plus
assuré au sujet de ces variations,
c'est que quand l'atmosphère est
chargée de vapeurs, elles sont rassemblées par les vents en certains
points, sur - tout dans les pays de
montagnes, d'où elles se répandent ensuite dans les environs;
elles forment de la pluie en été,
en hiver de la neige, dans les deux

saisons de la pluie & quelquefois
de la grêle , relativement au degré du froid & à la qualité des
exhalaisons dispersées dans l'air.
Rarement encore la même température est générale dans une certaine étendue de la zone tempérée : toutes les observations que
l'on peut faire à ce sujet, tendent
à persuader que les dispositions de
l'air passent d'une région à l'autre,
suivant la direction des vents qui
dominent. Les pluies qui ont abreu-
vé un espace considérable de pays,
font la matière d'une évaporation
abondante que les vents porteront
plus loin, & ces vapeurs y occasio-
neront la même température qu'elles ont fait naître dans l'endroit
d'où elles se sont élevées. Ainsi
dans tous les climats, dans toutes
les saisons , l'on doit compter sur
des alternatives de température
sèche & humide, mais fort incertaines pour le terme où elles commencent , & pour leur durée. C'est
à cette incertitude que l'on peut

attribuer la plupart des intempéries, qui font moins fréquentes
entre les tropiques, où les faifons
font réglées, que dans notre zone
tempérée.

Telle eft, par rapport à nous,
la marche ordinaire de la Nature,
elle eft conftatée par des effets qui
arrivent tous les jours, par des
mouvemens qui fe fuccèdent &
qui fe renouvellent fans interruption, par des opérations conftantes, malgré leur incertitude, &
toujours réitérées. Ce font-là les
caufes qui fervent de bafe à nos
raifonnemens & à nos explications:
elles ne tiennent en rien à l'efprit
fyftématique, nous lui avons fubfti-
tué des expériences fimples & fa-
ciles, des obfervations de fait, voie
ordinairement la plus certaine pour
diminuer l'épaiffeur du voile que
la Nature fe plaît à mettre entre
les caufes & les effets. En la fuivant ainfi pas à pas, nous ne crai-
gnons donc pas que l'on nous re-
proche de donner dans de vaines

spéculations, & dans des systêmes imaginaires, la fidélité de l'histoire nous interdit ces écarts. Nous ne nous attachons qu'à voir les choses telles qu'elles sont, à en observer toutes les parties avec soin ; à conjecturer par ce qui s'est passé & par ce qui arrive journellement, la cause & les effets des phénomènes à venir : toutes choses égales, & les mêmes principes subsistans, tels qu'on doit les admettre conformément à l'ordre généralement établi, & cependant relatif aux divers climats & à leur position. C'est par ces moyens que l'on peut juger de la température & des qualités dominantes de l'atmosphère. Quant aux causes dont l'effet est rare, violent & subit, & que l'on peut rapporter à un principe local & connu, elles doivent moins nous toucher, elles ne sont pas dans la marche ordinaire de la Nature ; cependant nous continuerons de les indiquer, comme nous avons déja fait en parlant

des pays situés entre les tropiques.
Ces causes particulières doivent
être combinées avec la cause générale; si l'on n'y avoit aucun égard,
si on ne s'attachoit pas à les pénétrer & à connoître les changemens qu'elles occasionnent, on ne
pourroit plus faire d'observations
sûres & utiles; on échapperoit l'occasion de jouir de leurs effets bien-
faisans, ou l'on ne sçauroit pas
se précautionner contre les intempéries qu'elles peuvent amener. On
ne doit jamais perdre de vue les
principes généraux, mais il ne faut
pas y borner ses connoissances &
ses réflexions.

Nous avons parlé avec assez de
détail des différens climats situés
sous la zone torride, de leurs variétés, des qualités diverses de
l'air, & de leurs causes respectivement à chaque contrée considérée
en elle-même, & dans ses rapports
avec les autres. Portons actuellement nos regards sur la zone tempérée : cette partie de notre ou-

vrage n'en sera pas la moins inté-
ressante. Continuons à rassembler
des faits qui nous apprennent à
connoître la Nature de l'air & les
variétés dont il est susceptible depuis le tropique du cancer, jusqu'au pole arctique, & du tropique du capricorne, jusqu'à la terre
de feu ; par-tout nous verrons que
ses phénomènes varïent dans les
régions tempérées par des causes
qui leur sont particulières. Les
loix générales ne semblent exercer
un empire certain qu'aux extrémités , dans les zones torrides & glaciales.

§. X.

Vue générale de l'Amérique septentrionale.

Si nous nous en rapportons à l'illustre Auteur de l'Histoire Naturelle du Cabinet du Roi (*a*), » le continent de l'Amérique est » situé & formé de façon que tout » concourt à y diminuer l'action » de la chaleur ; on y trouve les » plus hautes montages, & par la » même raison les plus grands fleu- »ves du monde. Ces hautes mon- » tagnes forment une chaîne qui » semble borner vers l'ouest le con- » tinent dans toute sa longueur , » les plaines & les basses terres » sont toutes situées en-deçà des » montagnes , & s'étendent depuis

---

(*a*) Hist. Nat. du Cabinet du Roi , *tom.* 18 , *pag.* 151 *& suiv. édit. in-*12.

I v

» leur pied juſqu'à la mer qui de
» notre côté ſépare les continens.
» Ainſi le vent d'eſt qui eſt le vent
» conſtant & général entre les tro-
» piques , n'arrive en Amérique
» qu'après avoir traverſé une très-
» vaſte étendue d'eau , ſur laquelle
» il ſe rafraîchit. C'eſt pour cette
» raiſon qu'il fait bien moins chaud
» au Breſil & à Cayenne , qu'au
» Sénégal & en Guinée , où ce mê-
» me vent d'eſt arrive chargé de
» la chaleur de toutes les terres &
» des ſables brûlans qu'il parcourt
» en traverſant l'Afrique & l'Aſie.

» Les nuages qui interceptent la
» lumière & la chaleur du ſoleil,
» les pluies qui rafraîchiſſent l'air
» & la ſurface de la terre , ſont
» périodiques & durent pluſieurs
» mois à Cayenne & dans les au-
» tres contrées de l'Amérique mé-
» ridionale ; cette première cauſe
» rend donc toutes les côtes orien-
» tales de l'Amérique , beaucoup
» plus tempérées que l'Afrique &
» l'Aſie ; & lorſqu'après être arrivé

» frais fur ces côtes, le vent d'eft
» commence à reprendre un degré
» plus vif de chaleur en traverfant
» les plaines de l'Amérique, il eft
» tout-à-coup arrêté & refroidi par
» cette chaîne de montagnes énor-
» mes, dont eft compofée toute la
» partie occidentale du nouveau
» continent, en forte qu'il fait en-
» core moins chaud fous la ligne
» au Pérou, qu'au Brefil & à Cayen-
» ne, à caufe de l'élévation pro-
» digieufe des terres.... Ainfi par
» la feule difpofition des terres de
» ce nouveau continent, la chaleur
» y feroit déja beaucoup moindre
» que dans l'ancien, & en même-
» temps nous allons voir que l'hu-
» midité y eft beaucoup plus gran-
» de. Les montagnes y étant les
» plus hautes de la terre, & fe
» trouvant oppofées de face à la
» direction du vent d'eft, arrêtent,
» condenfent toutes les vapeurs de
» l'air, & produifent par confé-
» quent une quantité infinie de
» fources vives qui par leur réu-

» nion forment bientôt des fleu-
» ves les plus grands de la terre.
» Il y a donc beaucoup plus d'eaux
» courantes dans le nouveau con-
» tinent que dans l'ancien, pro-
» portionnellement à l'espace, &
» cette quantité d'eau se trouve
» encore prodigieusement augmen-
» tée par le défaut d'écoulement ;
» les hommes n'ayant ni borné les
» torrens, ni dirigé les fleuves, ni
» séché les marais, les eaux stagnan-
» tes couvrent des terres immen-
» ses, augmentent encore l'humi-
» dité de l'air & diminuent la cha-
» leur. D'ailleurs, la terre étant
» par-tout en friche, & couverte
» dans toute son étendue d'herbes
» grossières, épaisses & touffues,
» elle ne s'échauffe & ne se sèche
» jamais : la transpiration de tant
» de végétaux pressés les uns con-
» tre les autres, ne produit que
» des exhalaisons humides & mal-
» saines : la Nature cachée sous ses
» vieux vêtemens, ne montra ja-
» mais de parure nouvelle dans ces

» triftes contrées : n'étant ni caref-
» fée , ni cultivée par l'homme ,
» jamais elle n'avoit ouvert fon fein
» bienfaifant , jamais la terre n'a-
» voit vu fa furface dorée de ces
» riches épis qui font notre opu-
» lence & fa fécondité. Dans cet
» état d'abandon , tout languit ,
» tout fe corrompt , tout s'étouffe ;
» l'air & la terre furchargés de va-
» peurs humides & nuifibles , ne
» peuvent s'épurer ni profiter des
» influences de l'aftre de la vie :
» le foleil darde inutilement fes
» rayons les plus vifs fur cette
» maffe froide , elle eft hors d'é-
» tat de répondre à fon ardeur ;
» elle ne produira que des êtres
» humides , des plantes , des repti-
» les , des infectes , & ne pourra
» nourrir que des hommes froids
» & des animaux foibles «.

Je n'ai pas voulu interrompre le cours de cette fublime defcription , par des réflexions qui auroient empêché que l'on n'en eût bien faifi l'enfemble : c'eft le tableau

le plus magnifique des effets généraux de la Nature, sur-tout dans
ce qui a rapport à l'Amérique septentrionale, & ce tableau est re-
levé par l'éclat du coloris le plus
séduisant. C'est encore à peu près
l'état de ces contrées immenses qui
s'étendent du sud-est au nord-ouest,
dans cette partie du Nouveau-Mon-
de, & qui ne sont telles que parce
qu'elles manquent d'habitans.

Arrêtons nos premières observations sur la Louisiane, cette province, l'une des plus vastes & des
plus fertiles de l'Amérique septentrionale, nous intéresse encore. Sa
largeur entre la Caroline & le Nouveau-Mexique est d'environ deux
cens lieues; sa longueur est beaucoup plus considérable, car on prétend qu'elle touche par le nord-
ouest aux terres qui bordent la baye
d'Hudson; & si l'on s'en rapporte
aux idées obscures que l'on a tirées
du récit de quelques voyages des
naturels du pays, les terres les plus
occidentales sont peu éloignées des

régions les plus orientales de l'A-
fie, de la terre de Jeſſo & du Kamchatka ; mais ce que l'on en connoît le mieux ne s'étend que du
vingt-neuvième degré de latitude
feptentrionale au quarantième ; au-
delà les terres ſont dures & ſtéri-
riles, les forêts commencent à manquer, & l'on n'y trouve que quelques peuplades peu conſidérables,
fort éloignées les unes des autres,
pour leſquelles la chaſſe & la pêche ſont un travail continuel & peu
utile. Dans un pays auſſi étendu,
la température doit varier beaucoup, à meſure que l'on s'éloigne
du midi pour s'approcher du nord
ou de l'oueſt.

Relativement aux obſervations
générales que nous venons de rapporter, la partie méridionale de
la Louiſiane n'eſt pas brûlante comme les régions de l'Afrique qui
ſont à la même latitude ; la Nouvelle-Orléans qui eſt au trentième
degré, ainſi que les côtes feptentrionales de la Barbarie & celle de

l'Egypte, jouit à peu près de la même température que le Bas-Languedoc & les côtes de Provence. A deux degrés plus haut, chez les Natchès, le climat est bien moins chaud qu'à la Nouvelle-Orléans, les terres sont plus élevées & plus exposées aux vents du nord. Aux Illinois, qui habitent sous le trente-cinquième & le trente-sixième dégré de latitude, les chaleurs de l'été ne sont pas plus fortes qu'à la Rochelle qui est au quarante-sixième degré, mais l'hiver y est beaucoup plus rigoureux, la glace y est plus épaisse, la neige plus abondante, & le froid dure plus long-temps; ce que l'on doit attribuer à la quantité de bois épars dans le pays, & au nombre des rivières dont il est arrosé : les bois empêchent que le soleil n'échauffe la terre & ne la dessèche, & les rivières fournissant la matière à une évaporation continuelle, entretiennent l'humidité, diminuent la chaleur & rendent le froid plus sensible ; il s'élève du sol une quantité d'exhalaisons salines & nitreuses, qui, dès qu'elles dominent dans l'atmosphère, augmentent dans tous les climats le degré du froid. A ces causes locales, il faut ajouter l'étendue immense des terres du côté du nord, d'où viennent des vents si froids, que dans la Louisiane méridionale, on est obligé lorsqu'ils soufflent, de prendre des habits chauds, même en été, tant ils sont âcres & pénétrans ; mais ils ont un grand avantage, c'est que nétoyant l'atmosphère des matières qu'y répand une évaporation forte & continuelle, ils sont la cause principale de la salubrité de l'air de ce pays, & de la beauté du ciel. On y passe peu de jours sans voir le soleil ; ce n'est que par orages de peu de durée qu'il y pleut, & une demi-heure après le calme est rétabli ; ce qui ne fait aucun tort à la fertilité des terres : les rosées sont si abondantes, qu'elles remplacent avantageusement les pluies. Toutes ces causes réunies rendent dans ce climat, l'air aussi pur & aussi sain qu'il puisse être. Le sang y est beau, les hommes s'y portent bien, ils éprouvent peu de maladies dans la force de l'âge, & leur vieillesse n'est point sujette à une caducité languissante, à moins qu'elle ne soit parvenue à un terme extrême. Ce qui prouve que ces avantages sont dus au climat, c'est que les créoles François de la Loui-siane, sont grands, bien faits, d'un beau sang, & jouissent de la meil-leure santé.

Les terres les plus au nord-ouest, en remontant le fleuve Saint-Louis, (le Mississipi) s'étendent à plus de huit cens lieues de la Nouvelle-Orléans ; on n'a pas même des mémoires bien sûrs sur les sources de ce fleuve & sur les régions qui sont au-delà, jusqu'à la grande mer de l'ouest, de sorte qu'on ne peut fixer l'espace qu'elles occupent sur le globe. On sçait seulement que la plupart sont stériles, qu'à mesure

que l'on avance de ce côté, le climat devient plus rigoureux, & que
l'on n'y rencontre de loin en loin
que quelques peuplades peu nombreuſes, qui vivent auſſi miſéra-
blement que les habitans des terres
arctiques : mais ce qu'il faut remarquer relativement à la Louiſiane,
c'eſt que de tous côtés le fleuve
Saint-Louis reçoit de groſſes rivières dont les eaux ſe rendent à la
mer par ſes embouchures, ou ſe
répandent ſur les terres baſſes que
leurs dépôts ont formées à la longue, & qui s'augmentent ſi promptement qu'on peut, à la ſeule inſpection des lieux, juger de la manière dont ſe fait leur accroiſſe-
ment.

A plus de cent lieues au-deſſus
de l'embouchure de ce fleuve, on
a creuſé très-anciennement des canaux pour faciliter l'écoulement de
ſes eaux, les diviſer, & empêcher
qu'elles ne ſubmergeaſſent tout d'un
coup certaines parties des terres
qui l'avoiſinent. Il en ſort donc

un volume considérable tous les
ans, dans le temps du débordement, qui commence à la fin de
Mars, lors de la première fonte
des neiges du nord, & dure environ trois mois. Pendant ce temps
il charrie la plus grande quantité
d'une vase épaisse & tenace, de
roseaux, d'arbres arrachés, de bois
morts, de feuilles & d'autres matières de ce genre, qui se répandant sur les terres basses, leur donnent chaque année plus de hauteur
& d'étendue : de sorte que depuis
le Manchac qui est à vingt-cinq
lieues au-dessus de la Nouvelle-
Orléans, dans un espace de plus
de cent lieues jusqu'à la mer, tout
le sol que l'on trouve & qu'on y
cultive, est un terrain nouveau
qui s'accroît tous les ans, tant par
les matières que le fleuve y dépose, que par la facilité qu'il acquiert à les retenir. Un sol aussi
humide, échauffé par le soleil, produit promptement des roseaux, des
herbes fortes & des plantes an-

nuelles qui se desfèchent, mais dont il reste couvert, & qui, les années suivantes, retardent le cours des eaux, retiennent la vafe, les bois, les feuilles, & tout ce que les crues amènent & qui sert à former de nouvelles couches.

Les bords du fleuve, loin d'être détruits & entraînés par l'abondance des eaux, se fortifient & s'épaississent par la jonction des terres nouvelles qui s'y attachent tous les ans, de sorte que son lit se rétrécit plutôt qu'ils ne s'élargit, & contenant moins d'eau, il doit en rejetter une plus grande quantité dans la plaine, par les écoulemens que l'on a formés au-dessus des terres basses. Il ne laisse cependant pas que d'entraîner à son embouchure une si grande quantité de matières étrangères, que le fort de la Balife qui étoit en 1734 sur un iflot entouré d'eau de tous les côtés & hors du fleuve, vingt ans après étoit déja à une lieue de la mer. Le cap voisin, qui tous les jours s'avance davantage dans le golfe du Mexique, est formé des mêmes matières amenées par le fleuve : de sorte qu'en examinant à quelle distance au-dessus de la mer, commencent les terres nouvelles qui sont toutes de même qualité & formées des mêmes matières ; car on trouve par-tout, à différentes profondeurs, des arbres couchés & apportés de loin, des lits de feuilles, des joncs, & d'autres plantes entremêlées d'une vase semblable à celle que le fleuve continue de charrier ; on pourroit calculer combien il y a de temps que le fleuve Saint-Louis suit le cours qu'on lui connoît. Si le terrain nouveau a cent lieues d'étendue, à prendre deux lieues par siècle, il y auroit cinq mille ans qu'il auroit commencé à former des atterrissemens à son embouchure ; peut-être y a-t-il le même espace de temps que les naturels du pays y sont établis, & plus encore que l'Amérique septentrionale a été séparée de l'Asie, à laquelle il est probable qu'elle tenoit par des terres qui étoient au-dessus du Kamchatka, entre le cinquante-cinquième degré de latitude & le soixantième, & qui ont été divisées par une révolution dont on ne peut fixer l'époque : ainsi qu'on ne peut se rappeller quand l'Angleterre a été détachée du continent de la France : quand l'Afrique & l'Asie mineure ont été séparées de l'Europe, lorsque l'irruption des eaux de la mer & du continent ont brisé les langues de terre qui joignoient ensemble ces parties du monde. Nous retrouverons dans les mœurs & dans les usages des naturels de la Louisiane, des traces qui, bien que fort effacées, nous portent à croire qu'ils tirent leur origine des Tartares orientaux.

On peut donc diviser la Louisiane en haute & basse, eu égard à la différence qui se trouve entre les terrains de cette vaste contrée, & les degrés de chaleur ou de froid

que l'on y éprouve. La Haute-Loui-
siane s'étendra depuis le trente-
quatrième degré jusqu'au quarantième environ, & la basse du trente-quatrième à la mer qui la borne
au midi par les vingt-neuf degrés.
Le sol de la première est en général
bon & fertile par-tout, facile à
cultiver, & si léger que les rosées
le pénètrent aisément & remplacent les pluies qui sont peu considérables. On y trouve des sables,
de la pierre à bâtir, des mines de
fer & de plomb, & quelques parties
arides & stériles, mais en petit nombre, & utiles en ce que cette stérilité
est occasionnée par des couches de
sel répandues à leur surface. Tout le
terrain de la Basse-Louisiane est vraiment nouveau; le fonds sur les côteaux, est une glaise rouge si compacte & si solide, qu'elle pourroit
servir de fondement à tous les édifices que l'on voudroit y élever:
ce fonds est le même dans presque tout le pays; il est recouvert
par-tout, même sur les hauteurs,

à

à une épaisseur au moins de trois
pieds, d'un fol noirâtre, léger, aisé
à cultiver, & d'un excellent rapport. Sur les petites collines, l'herbe n'y croît qu'à la hauteur du genou, & dans les fonds, elle s'élève
à cinq ou six pieds. Vers la fin de
Septembre, lorfqu'elle a été deffé-
chée par les chaleurs de l'été, on
y met le feu fucceffivement, &
l'herbe nouvelle, au bout de dix
ou douze jours, a déja crû d'un
demi-pied; c'eft ainfi que les peuples de la Louifiane renouvellent
leurs prairies : les Tartares orientaux fuivent le même ufage. Telle
eft la qualité de ces terres dont
le fleuve s'eft emparé, ou qu'il a
formées fur la mer. Les fauvages
le fçavent, & quelque bornées
que foient leurs connoiffances, ils
montrent encore les endroits que
la mer battoit de fes flots. Les
Natchitoches, une des nations fauvages qui les habitent, les con-
noiffent le mieux, fur l'ancienne
parole ou tradition dont leurs vieil-

Tome I I.   K

lards les entretiennent ; & qui se conserve dans l'élite de la nation ; car les femmes & les jeunes-gens ne sont jamais admis à ces entretiens sages & sérieux, où les chefs des familles se rappellent à leur manière, les événemens les plus reculés qui les intéressent. La plupart de leurs collines sont formées par des bancs de coquilles, que les femmes vont ramasser & dont elles forment une espèce de chaux qui, mêlée avec de la terre, compose une excellente poterie. Il faut pour cela que ces coquilles aient été par la longueur du temps tout-à-fait dépouillées des sels qu'elles contenoient. Il y en a de toutes semblables, mais que la mer a quittées plus nouvellement, & que l'on ne peut employer à cet usage.

Le terrain de la Nouvelle-Orléans étant une terre rapportée & formée de vases nouvelles, de même que celui qui est au-dessous & au-dessus, assez loin de cette capitale, est d'une excellente qualité, peut-être trop gras & trop fort, cependant très-facile à cultiver ; il suffit de jetter la plupart des graines à sa surface, & de les enfoncer un peu avec le pied sans autre préparation, elles croissent fort bien ; l'indigo, le tabac, le riz, le bled d'Inde, & même les cannes à sucre, dont il y a déja quelques plantations, y réussissent à merveille. L'air y est excellent, la position, la fécondité des terres, la douceur du climat, en rendent le séjour très-agréable ; quelques voyageurs le comparent à celui des isles d'Hières : dès le mois de Janvier la verdure nouvelle s'y montre, & les jardins commencent à être parés des premières productions du printemps.

Cependant ces terres qui font plates & qui ont été noyées pendant plusieurs siècles par les inondations annuelles du fleuve, ne peuvent manquer d'être fort humides, d'autant plus qu'elles ne font séparées du fleuve que par une levée qui le retient & l'empêche de s'y répandre ; on ne pourroit pas même les cultiver , ſi on n'entretenoit pas d'eſpace en eſpace, des foſſés aſſez profonds par leſquels les eaux s'écoulent ; & ce ſont-là les terrains les plus ſolides, parce que ce ſont les plus anciennement formés. Ceux qui ſont à l'embouchure du fleuve reſſemblent aux marais tremblans de Hollande ; l'eau les couvre encore en partie, mais ſans doute ils ſe raffermiront en s'élevant, lorſque de nouvelles inondations les auront chargés d'une plus grande abondance de vaſe & d'autres matières.

Comment , dans un climat où doit régner une humidité continuelle , entretenue par une évaporation abondante, l'air peut-il être auſſi ſain ? puiſque dans toutes les terres nouvelles, aux Indes orientales , en Afrique & en d'autres régions d'Amérique, à peine peut-on y vivre dans les chaleurs qui ſuivent les débordemens périodi-

ques des grands fleuves, tant l'air
y est infecté par les exhalaisons
corrompues qui en sortent. La Baffe-Louifiane doit cet avantage inef-
timable à fa pofition, relativement
au nord, dont les vents purifient
continuellement fon atmofphère ;
elle le doit encore aux matières
dont fon terrain eft formé, il renferme peu de matières animales,
graffes ou fulfureufes : les fels & les
nitres que les eaux y entraînent des
terres hautes où l'on en trouve plufieurs mines, y entretiennent une
fraîcheur habituelle qui empêche
une fermentation exceffive, & fans
y caufer un froid incommode, ils
arrêtent les effets dangereux de la
chaleur. Nous traiterons ce fujet
plus au long, lorfque nous parlerons des qualités de l'air des terres
nouvellement formées.

Faifons encore quelques obfervations fur la difpofition extérieure
du terrain de la Louifiane. A vingt-
cinq lieues environ, au-deffus de
la Nouvelle-Orléans, les terres font

plus solides & paroissent plus anciennes , mais elles n'en sont pas
moins propres à la végétation. Le
sol y est noirâtre & léger comme
dans quelques contrées plus basses,
& soutenu de même par un fonds
de glaise rouge. C'est là où l'on
voit des prairies à perte de vue,
coupées par des futaies sous lesquelles croît une herbe épaisse également bonne pour la nourriture
du bétail. Le long des ravins sont
les bois fourrés , où l'on trouve
des arbres de toute espèce , dont
plusieurs sont à fruit. On remarque dans les prairies les plus étendues, des bosquets de chênes très-
hauts & fort droits , dont les uns
sont de quatre-vingt ou cent arbres,
les autres de quarante ou cinquante , qui paroissent plantés de main
d'homme , exprès pour servir de
retraite aux bœufs , aux cerfs , &
aux autres animaux dont ce pays
est peuplé , & les mettre à l'abri
des orages , de l'ardeur du soleil
& des piqûres des insectes. Une

telle précaution n'annonce-t-elle pas que ces régions ont été autrefois beaucoup plus peuplées qu'elles ne le font actuellement?

Ces campagnes font charmantes au printemps, les prairies changent plufieurs fois de décoration, & préfentent diverfes vues toujours agréables; au mois d'Avril tout le fonds eft couvert de fraifes, un peu plus tard fuccèdent les fleurs de toute efpèce & de toute couleur; cette parure fe foutient jufqu'à ce que les chaleurs de Juillet & d'Août ne fanent l'herbe & ne la defsèchent. Ce fpectacle eft varié par une quantité de bêtes fauves de toute efpèce, de cerfs, de chevreuils, de daims, de bœufs fauvages; on y voit les dindes en troupeaux, les perdrix y font communes, les pigeons ramiers y obfcurciffent l'air par leur nombre; les bêtes féroces & carnacières, à l'exception de quelques loups qui fuivent d'ordinaire les chaffeurs, y font plus rares que du côté des

Monts Apalaches, & dans les terres au nord, où il y a beaucoup de tigres & d'ours. La tranquillité qui règne dans ces campagnes, leur fertilité, la paix avec laquelle les animaux d'espèces différentes paissent ensemble dans la même prairie, leur sécurité les uns à l'égard des autres, & même des hommes qui ne les ont pas encore effrayés par le bruit des armes à feu, retracent l'idée des premiers instans du monde, lorsque la terre ornée de toutes ses productions sortit des mains du Créateur.

Les terres du côté de la rivière Rouge, à l'ouest & au nord du fleuve, entre la Basse-Louisiane & le Nouveau-Mexique, sont plus hautes & plus sèches ; il y a peu de bois, & l'herbe qui croît entre les pierres est très-fine ; c'est-là où les troupeaux de bœufs sauvages se retirent dans le temps des inondations. Le sol de cette partie de la Louisiane est plus abondant encore en nitres & en sels que le reste du pays; c'est ce qui fait que les bêtes à cornes, les cerfs & les chevreuils y multiplient si fort & y sont en si bon état; on les voit après les pluies, lorsqu'ils ont bien mangé, aller au bord des fleuves, ou suivre les ravins & lécher la surface de la terre, alors couverte des sels que les eaux ont développés.

Le pays des Illinois qui s'étend à l'est du fleuve, du trente-huitiè-me degré au quarante-unième, en-tre la rivière d'Ouabache au midi, & celle des Illinois au nord, est l'une des contrées du monde les plus fertiles en froment, en sei-gle, & en grains de cette sorte; il ne faut qu'un peu gratter la ter-re avant le semaille, & avec cette culture simple elle produit autant qu'on peut le desirer. Cette nation est nombreuse; pendant la der-nière guerre, lorsque les farines de France étoient fort rares à la Nou-velle-Orléans, les Illinois y en des-cendirent plus de huit cens milliers en un seul hiver. Il n'est pas dou-

K v

teux que les marchandises qu'ils reçurent en échange, & le profit qui leur en revint, ne les déterminent à cultiver leurs champs avec plus de soin, & à en tirer des récoltes plus abondantes. C'est chez un peuple aussi libre que celui-là que l'on peut espérer de voir fleurir l'agriculture, au moins pendant un certain temps, jusqu'à ce que l'opulence dont il trouvera la source dans ses travaux, n'ait changé ses inclinations & détruit l'égalité. Dans ces régions différentes, outre les rivières dont elles sont arrosées, on trouve beaucoup de lacs, souvent à la suite les uns des autres & dont quelques-uns sont salés : tous sont très-poissonneux malgré la quantité de crocodiles dont ils sont infestés, & on ne s'apperçoit nulle part que cette quantité d'eau cause aucune intempérie ; les habitans sont également vigoureux & bien faits, & jouissent d'une bonne santé.

Plus loin que la rivière des Il-

linois , des deux côtés du fleuve ,
en tirant au nord & à l'oueſt , le
pays s'élève & devient extrêmement froid ; il tient beaucoup de
la Tartarie ſeptentrionale , & il
eſt encore moins peuplé. On y rencontre de loin en loin quelques cabanes habitées par un petit nombre
d'hommes groſſiers & miſérables.
Les voyageurs en ont fait autant de
peuples différens , dont il n'eſt d'aucune conſéquence de rapporter les
noms dans cet ouvrage ; ils ſeroient
tout-à-fait inconnus ſi le deſir de
trouver un paſſage par le nord , n'a-
voit engagé à faire des courſes immenſes juſqu'au-delà des ſources
du fleuve Saint-Louis : on n'y a
découvert que des terres vaſtes &
ſtériles , des lacs & des marais très-
étendus , & des rivières aſſez groſſes pour faire croire qu'elles viennent de pays fort éloignés , dont
on n'a aucune connoiſſance. Il paroît même que l'on n'a pas pénétré au-delà du cinquantième degré de latitude ; quelques cens lieues

K vj

plus loin, en tirant à l'ouest, on
seroit arrivé à l'extrémité des terres, à l'endroit même où les Russes échouèrent en 1741 : à s'en
rapporter aux cartes les plus exactes, les bords inconnus où la tempête les jetta, doivent être fort
voisins de cette espèce de canal
rempli d'isles que l'on sçait con-
fusément être entre le nord-est de
l'Asie, & le nord-ouest de l'Amérique (*a*) (*b*).

(*a*) *Voyez* l'Histoire de la Louisiane, par
M. Lepage du Prats, *in-12*, *Paris*, 1756,
3 *vol.*

(*b*) Il y a lieu de croire qu'il reste encore bien des découvertes à faire dans ces
vastes contrées. On lit dans une relation
très-nouvelle, que dans quelques habitations Indiennes fort éloignées de la Nouvelle-Orléans, on trouve des hommes d'une
complexion toute différente de celle des
autres peuples de l'Inde. Ils parlent Gallois, ils conservent parmi eux avec soin
une bible Galloise, mais où aucun d'eux
ne sçait lire. La vérité de ce fait, attestée
par plusieurs témoins, sembleroit prouver

Après tout ce que nous avons dit de la salubrité de l'air, de la fertilité des terres, de l'abondance du bétail & du gibier de toute sorte, & de l'heureuse situation de la Louisiane, ne sera-t-on pas étonné que ce pays ait si peu d'habitans ? & ne croiroit-on pas qu'il renferme dans son sein quelque cause très-active de dépopulation ? Toutes ces nations différentes que l'on y compte ne sont composées, pour la plupart, que d'une centaine de familles, quelquefois

que l'Amérique a été jadis peuplée par des émigrations de l'Asie & de l'Europe. Quoique le Gallois n'étant que l'ancienne langue Celtique fort altérée, il n'est pas étonnant qu'il soit en usage dans quelques-unes de ces contrées, dont il est très-probable que les habitans sont venus de l'Asie septentrionale. Dès le temps de la reine Elisabeth, des navigateurs assurèrent avoir entendu parler Gallois en Amérique. (Journal d'un voyage de deux mois fait en Pensilvanie, & parmi les Indiens situés vers l'ouest des montagnes d'Aligh-Geny. Par M. *Beatty*, *Londres*, 1769.)

moins encore, & très-éloignées les unes des autres. Il en faut excepter les Illinois & les Chatkas qui font plus nombreux ; ceux - ci fur-tout, que l'on fait monter jufqu'à vingt-cinq mille, & qui habitent le pays le plus fertile de la Baffe-Louifiane, où l'air, toute proportion gardée, ne peut pas être auffi fain que dans les terres plus hautes : les Natchès n'exiftent plus que dans quelques-uns de leurs defcendans ; ils ont été tranfportés ailleurs ou détruits en partie : les Allibamons, les Nactchitoches, font de très-petites peuplades. Les Efpagnols, pour poffédér plus tranquillement les pays dont ils firent la conquête, & jouir feuls de l'or qu'ils produifoient, firent périr des millions d'Indiens au Pérou, dans le Mexique & dans les Antilles qu'ils dépeuplèrent entièrement, mais ils ne portèrent pas leurs ravages jufqu'au nord & à l'oueft de l'Amérique. Il faut donc chercher une autre caufe de cette dépopulation,

& on la trouve dans les usages de ces peuples, que l'on doit croire très-postérieurs aux temps auxquels ils se sont établis dans les terres qu'occupent encore quelques-uns de leurs descendans.

On sçait par le récit des vieillards dépositaires de la tradition historique du pays, que ces nations ont toujours été entr'elles dans un état de guerre continuelle, & si terrible, qu'une nation irritée contre une autre n'étoit satisfaite que par sa destruction entière. Elles conservent encore cette funeste inclination ; la jalousie de la chasse, une insulte souvent faite par imprudence & sans dessein, la fureur de la vengeance les portent à de tels excès, qu'une nation plus forte croit qu'il est de son honneur de détruire en entier une nation plus foible. Celle-ci aura beau fuir, se cacher dans les forêts les plus éloignées, pour se dérober aux coups de ses vainqueurs, ils la suivent à plus de deux cens lieues, la surprennent & en maſſacrent juſqu'au dernier enfant. Ces peuples doux & humains entr'eux & même avec les étrangers, dont ils ne croient pas devoir rien craindre, ſont d'une férocité inouie en temps de guerre; ils font périr leurs priſonniers dans les plus cruels ſupplices, & portent la barbarie juſqu'à ſe repaître de leur chair, & en faire des feſtins de réjouiſſance pour toute la nation: ils regardent cet horrible avantage comme l'un des fruits les plus doux de la victoire. Les nations qui ſont nombreuſes & guerrieres, telles que les Iroquois, fières de leurs forces, ne veulent ſouffrir aucun établiſſement qu'à un très-grand éloignement d'elles: ceux-ci ont détruit preſque toutes les petites nations qui étoient à l'eſt de la Louiſiane. Une politique auſſi barbare ne peut qu'accélérer la dépopulation du pays.

D'ailleurs, ces peuples ſont expoſés à des maladies qui les enlè-

vent par centaines & qui les défo-
lent plus encore que la guerre ,
parce qu'ils ne prennent aucune précaution pour les éviter , & ne trouvent aucun fecours dans ces efpèces
de jongleurs qui exercent la médecine parmi eux , contre des épidémies
qui tiennent aux qualités de l'air ,
mais qui n'indiquent pas qu'il foit
mal-fain. La plus cruelle de ces
maladies , eft la petite vérole , elle
y fait en peu de temps des ravages
étonnans. Toute une famille habite
la même cabane ; ainfi quand une
perfonne en eft attaquée , elle fe
communique d'autant plus aifément aux autres , que le jour &
l'air n'y entrent que par une porte
baffe & étroite. Les plus âgés n'en
réchappent qu'avec peine , leur âge,
la qualité des alimens dont ils
ufent, la difficulté que trouve la
maladie à faire éruption à travers
une peau endurcie au grand air ,
& prefque toujours couverte d'une
croûte extérieure de graiffes , de
couleurs , & d'autres ingrédiens

qui bouchent ſes pores , ſont autant de cauſes qui s'oppoſent à
leur guériſon. Les jeunes-gens qui
en ſont atteints , périſſent également ſi on ne les garde pas avec
le plus grand ſoin. Accoutumés à
une grande propreté & à ſe baigner
tous les jours , ils ne peuvent ſe
ſouffrir couverts des puſtules dé-
goûtantes qui ſe forment dans la
petite vérole , & ſi l'on n'y prend
garde , ils courent précipitamment
ſe jetter dans l'eau & ſe laver , ce
qui eſt mortel dans ces circonſtances. Les Chatkas ou têtes - plates
qui ſont naturellement mal-pro-
pres , redoutent moins les ſuites
de la petite vérole que les autres
nations , parce qu'ils la ſouffrent
plus patiemment & qu'ils ne l'arrêtent pas dans le temps de ſon
éruption en ſe baignant mal-à-propos ; d'ailleurs ils habitent la partie
la plus chaude de la Louiſiane ; ce
qui peut contribuer à rendre moins
dangereux les effets de cette fu-
neſte maladie. Nous remarquerons

à ce sujet que la petite vérole est
aussi meurtrière au Paraguay qu'à
la Louisiane ; ces deux régions sont
à une distance à peu près égale de
la ligne, l'une au sud & l'autre au
nord, & il y a lieu de penser qu'elle
y est naturelle & qu'elle n'a point
été communiquée à ces peuples par
les Européens , ainsi qu'on le lit
dans quelques relations modernes.
Elle paroît même plus dangereuse
dans le Paraguay , où elle fait périr souvent plus de la moitié des
peuplades : mais elle n'est jamais
plus horrible que quand elle sur-
prend ces Indiens dans leur voyage ; on ne la peut comparer alors,
qu'à la peste la plus cruelle : de
dix hommes il n'en réchappe pas
quelquefois deux ; peut-être sont-ils
moins robustes & ont-ils le sang
moins pur que les peuples de la
Louisiane, ce que l'on peut conjecturer par leur manière de se nourrir. Ils mangent autant de viande
qu'ils peuvent en avoir , au lieu
qu'à la Louisiane, on fait plus d'u-

fage du mays & des autres graines qui y croiffent : quoique le goût décidé de tous ces peuples en général foit de fe nourrir de la chair des animaux, de préférence à toute autre denrée. Un fauvage qui étoit venu en France en 1720, à la fuite d'un prince ou chef de nation de la Louifiane, appellé Tamaroas, racontoit à fes nationaux que ce qu'il avoit vu de plus beau à Paris étoit la rue des Boucheries, parce qu'il y avoit beaucoup de viande. Ces peuples n'eftiment que ce qui leur eft utile, & leur premier befoin eft de fe nourrir.

Le rhume, très-commun pendant l'hiver parmi des peuples qui font dans l'habitude d'être prefque toujours nuds, en fait périr beaucoup. Dans cette faifon, leurs cabanes font d'autant plus échauffées, qu'ils y entretiennent un feu continuel, & qu'elles n'ont d'ouverture que la porte; ainfi l'air que l'on y refpire, loin d'être froid, n'eft pas même tempéré. Il eft à

un degré de chaleur capable d'exciter une forte tranfpiration qui
eft fupprimée par l'air extérieur
qui les faifit dès qu'ils font con-
traints de fortir & de refter quelque temps dehors. Les peaux dont
ils fe couvrent ne fuffifent pas
pour les garantir de l'action du
froid qui leur eft prefque toujours
funefte, parce qu'une fois habitués
à cette manière de vivre, il eft
très-difficile de la réformer, le ref-
pect & l'attachement qu'ils ont
pour les ufages pratiqués par leurs
pères, ne leur permettent pas d'y
rien changer, quelque dommagea-
bles qu'ils leur foient.

Ajoutons que des préjugés établis parmi ces nations, & entrete-
nus par des fouverains defpotiques,
ont contribué plus encore que les
maladies, à les détruire. Quand un
grand foleil ou fouverain mou-
roit, on faifoit mourir avec lui un
grand nombre de fes fujets, hommes & femmes. La mort des fimples foleils, c'eft à dire, des prin-

ces ou grands du pays , occaſion-
noit une deſtruction proportionnée
au rang qu'ils tenoient. Cette bar-
barè coutume étoit ſeule une cauſe
fréquente de la plus forte dépopulation. Ces peuples très-attachés
à leurs chefs , ne doutoient pas
que ceux qui les ſuivoient pour les
ſervir dans un autre monde , ne
fuſſent très-heureux. Sans travail,
ſans crainte & ſans guerre , ils devoient y avoir tout à ſouhait ; on
n'y ſouffroit plus ni chaud ni froid,
on mangeoit tout ce que l'on pouvoit deſirer , & enfin pour com-
ble de bonheur , on n'y pouvoit
plus ni ſouffrir ni mourir. Que l'on
conçoive l'effet de pareilles idées
ſur des hommes très-ignorans, naturellement pareſſeux & cependant
aſſez braves pour ne pas craindre
la mort , & on ne ſera pas étonné que le pays ſe ſoit dépeuplé au
point où il l'eſt. Le peu de nations
qui ſe ſont conſervées à peu près
dans leur entier, probablement ont
dû leur ſalut à quelques ſoleils ou

chefs, qui, plus éclairés que les autres, se feront séparés du gros de la nation, pour oser abolir cette barbare coutume, qui peut-être tire son origine des Indes orientales, où elle est encore en usage.

Les naturels de l'Amérique septentrionale sont en général grands & bien faits, on n'en voit que peu au-dessous de cinq pieds & demi & beaucoup au-dessus ; ils ont la jambe bien tournée & nerveuse, les reins longs, la tête droite, un peu plate vers le haut, ce qui vient des bandages qui la gênent dans la première enfance. Leurs traits font réguliers, ils ont les yeux noirs, les cheveux de même couleur, gros & droits, ils font également éloignés de l'excès de l'embonpoint & de la maigreur. Les hommes font ordinairement mieux faits que les femmes qui font plus grasses & moins grandes, mais les uns & les autres font bien proportionnés dans leur taille & leur grandeur, on n'y voit ni figures gigantesques, ni nains; s'il s'en trouve quelques-uns d'une petite taille, de cinq pieds environ, ils se regardent comme tellement disgraciés de la Nature qu'ils n'osent paroître devant les étrangers, ni aux assemblées publiques de la nation.

Ces peuples ont le plus grand soin de leurs enfans, dès le moment de leur naissance. Sitôt qu'une femme est accouchée, elle va au bord de l'eau, se lave & en fait de même à son enfant; elle revient ensuite à la cabane, se couche & arrange l'enfant dans un berceau de cannes, de deux pieds & demi de long & d'une largeur proportionnée, où il est couché à plat. Il a les jambes & les cuisses assujetties par des bandes de cuir de chevreuil; le ventre & l'estomac libres, les bras, les épaules & la tête sont arrêtés de même, de sorte qu'il ne peut pas se remuer : on ne le tire de là que pour lui donner à tetter & le laver. Cette manière de te-
ni

nir les enfans pendant les premiers mois de leur vie, est cause de leur belle conformation, qu'ils ne sont jamais ni bossus, ni boiteux, & qu'ils n'ont pas même les épaules rondes dans un âge plus avancé. On détermine aussi leurs jambes à prendre une forme régulière, en attachant des jarretières de laine de bœuf du pays, au-dessous du genou & au-dessus de la cheville, à trois ou quatre pouces de hauteur; on les laisse jusqu'à ce qu'ils n'aient quatre ou cinq ans. Les mères leur donnent à tetter autant de temps qu'ils veulent, & ils ne cessent que lorsqu'ils sont dégoûtés de cette nourriture; ce qui n'arrive qu'après plusieurs années.

Ces enfans naissent blancs, mais ils brunissent assez promptement, parce qu'on les frotte dès qu'ils sont nés, de graisse d'ours, pour leur rendre les membres & les nerfs plus souples & plus forts, & empêcher les mouches de les piquer, lorsqu'on les laisse nuds au soleil

& abandonnés à eux-mêmes. Ils se
traînent à terre jusqu'à ce qu'ils
soient assez forts pour se dres-
ser seuls sur leurs jambes ; alors on
a grande attention de les soutenir
par dessous les bras, pour les garantir des chûtes qui pourroient
les déformer. Etant presque toujours exposés à l'air, ils deviennent
rougeâtres ainsi que leurs pères,
couleur que l'action du soleil, la
qualité des exhalaisons qui s'élèvent du sol sur lequel ils vivent,
& l'habitude où ils sont de se pein-
dre le visage & tout le corps en
rouge plutôt qu'en autre couleur,
paroissent leur avoir donnée, qui
par la suite du temps leur est devenue naturelle, mais qui dans un
autre climat & avec d'autres mœurs
changeroit très-promptement.

On fait baigner tous les jours
les enfans pour les endurcir au froid
& à la fatigue, & dès qu'ils mar-
chent seuls on les apprend à nager,
afin qu'ils ne soient jamais arrêtés
dans leurs guerres ou leurs chas-

ſes, en pourſuivant l'ennemi ou en le fuyant, par les rivières qui ſont ſi multipliées dans leur pays. Cette première partie de l'éducation eſt commune aux garçons & aux filles, & ſe fait ſous l'inſpection d'un des anciens ; on les exerce auſſi les uns & les autres à courir, à porter des fardeaux & à tirer de l'arc ; mais on ne les bat jamais dans leur enfance, dans la crainte qu'un coup trop fort ne cauſât quelque déran- gement à leur taille ; par la mê- me raiſon on ne les oblige à rien de pénible. Lorſqu'ils ſont dans l'adoleſcence, à l'âge de dix-huit ans environ, ils commencent à ſui- vre les hommes faits à la chaſſe, pour en apprendre les ruſes & s'ac- coutumer à la fatigue & à la pa- tience. Du reſte, on ne les em- ploie à aucun travail rude, dans la crainte de les énerver & de les rendre incapables de ſoutenir les travaux de la guerre, qui deman- dent beaucoup de force & de conſ- tance. C'eſt avec ces attentions

soutenues, que toutes les nations
sauvages de l'Amérique septentrionale, élèvent leurs enfans & leur
laissent le temps de croître, de se
former & d'acquérir des forces. Il
ne faut pas s'étonner s'ils sont si
agiles, si vigoureux, & en état de
soutenir les marches les plus longues & les plus fatigantes. C'est
à quoi se bornent tous leurs travaux; leurs guerres ne sont que des
surprises; ils massacrent & ils pil-
lent quand ils sont les plus forts,
s'ils sont les plus foibles ils fuient;
leurs chasses exigent encore moins
de forces & de précautions que
leurs guerres, & c'est ce qui les occupe tant qu'ils sont en état d'agir.

D'après ce que nous venons de
dire de la Louisiane & de ses habitans, on peut se faire une idée
assez exacte de toute l'Amérique
septentrionale, située dans la zone
tempérée; on voit que ces régions
sont plus froides au moins de dix
degrés que celles de l'Asie & de
l'Europe, qui sont à la même lati-

tude ; ce que l'on ne peut attribuer
qu'à l'élévation des terres , à l'a-
bondance des eaux qui y font répandues, aux forêts immenfes dont
elles font couvertes , & fans doute
encore à la folitude générale du
pays, à l'abandon où font les campagnes.

§. X I.

*Obfervations fur la température
des terres occupées par quelques colonies , dans l'Amérique feptentrionale.*

Les établiffemens formés par
les Européens dans cette partie du
nouveau continent , & qui ont un
nombre d'habitans affez confidérable pour mettre le fol en valeur ,
jouiffent, pour la plupart, d'une température faine , douce , même auffi
agréable que celle des contrées de
la terre le plus heureufement fituées.
Il ne faut donc pas toujours s'en
tenir aux vues générales : il feroit

peut-être plus naturel & plus exact de juger de la température d'un pays, parce qu'elle devroit être, que par son état actuel. Si l'intérieur de l'Amérique étoit cultivé & autant habité que les belles provinces de la Caroline, de la Virginie ou de la Pensilvanie, l'air n'y seroit-il pas aussi sain ? la température aussi agréable ? s'y plaindroit-on de cette humidité continuelle ? de ces intempéries causées par des vapeurs & des exhalaisons trop abondantes pour être aisément raréfiées par la chaleur du soleil, dont l'action ne peut que difficilement l'emporter sur la quantité d'effluences dont la terre charge sans cesse l'air immédiat qui la couvre ?

La Caroline qui s'étend entre le trente-unième & le trente-sixième degré de latitude nord, est dans le climat le plus agréable ; on y jouit d'une température douce, égale & fort saine, qui n'est point exposée aux chaleurs excessives des colonies plus méridionales, ni aux

froids violens des établissemens opposés. Ses côtes sont sans orages en
été & sans glaces en hiver. Le sol
y répond fidélement aux soins du
cultivateur, il y croît toutes sortes
de grains, les fruits sont excellens,
on y cultive la vigne avec succès,
& les habitans y jouissent d'une
bonne santé. Ce pays est peut-être
l'un des plus tempérés qu'il y ait
dans le globe; c'est-là que l'on fixe
le centre de la partie habitable de
l'Amérique septentrionale, car en
supposant cette moitié du globe
habitée jusqu'au soixante-quatriè-
me degré, au-dessus du lac des
Assiniboils, son centre est la Caroline.

Le climat des isles Bermudes qui
sont vis-à-vis de la Caroline & à
la même latitude, nous présente
un pays d'un agrément incompa-
rable & dont l'air est de la plus
grande pureté; elles sont en grand
nombre, & plusieurs même ne sont
pas encore habitées; mais dans
toutes l'air est si sain que les ma-

lades des autres iſles Angloiſes s'y
font tranſporter pour rétablir leur
ſanté ; on ne doit pas être étonné ſi ceux qui les habitent ne ſont
ſujets à aucune maladie , & communément parviennent à un âge
fort avancé. La terre y eſt d'une
extrême fertilité & donne chaque
année deux moiſſons. On ſeme en
Mars pour recueillir à la fin de Juillet, & en Août pour recueillir en
Décembre. La plus fameuſe production de ces iſles & peut-être
le plus délicieux fruit de l'univers,
eſt l'orange , qui non-ſeulement eſt
beaucoup plus groſſe que dans aucune autre contrée , mais dont le
goût & le parfum l'emportent ſur
tout ce que l'on connoît dans ce
genre de plus délicat & de plus fin.

Quelques ouragans s'y ſont fait
ſentir dans le commencement de
ce ſiècle , & ont fait craindre des
changemens dans la pureté de leur
atmoſphère ; mais on ne s'eſt encore apperçu d'aucune altération :
on continue d'y jouir d'un printemps

continuel ; les arbres y font toujours verds, à mefure que les anciennes feuilles tombent, les nouvelles renaiffent ; les oifeaux y
chantent fans ceffe & font leurs
nids prefque tous les mois de l'année. Ces ifles n'ont d'effrayant que
leurs tonnerres qui font ordinairement terribles, & laiffent prefque
toujours fur les rochers, des marques de la violence de leurs effets :
ils reviennent à chaque nouvelle
lune, & font annoncés par un
cercle plus ou moins grand autour d'elle, & dont la mefure
fait attendre un tonnerre proportionné. Peut-être ces mouvemens
violens font-ils néceffaires pour entretenir la falubrité de l'air, qui
doit être chargé d'une grande quantité de vapeurs & d'exhalaifons ; car
le foleil ne trouvant rien qui arrête
fon action fur le fol de ces ifles,
y doit exciter une grande évaporation, puifqu'on y trouve par-tout
l'eau de la mer à quelques pieds
de profondeur, qui fe filtre à tra-

L v

vers une glaise ou craie blanche, aussi molle que la marne, & poreuse comme la pierre-ponce. Ces Halo de lune en sont la preuve, & la régularité avec laquelle les tonnerres se forment, semblent en annoncer la nécessité. Il n'est pas douteux encore que le sol naturellement léger & fortement imprégné des sels & des soufres qui sortent des eaux, au-dessus desquelles il s'élève, ne doive sa grande fertilité à l'évaporation abondante & aux rosées qui en sont la suite; car les pluies ne sont pas fréquentes aux Bermudes, & il y neige encore plus rarement : les sources y manquent, & on n'a point d'eau pour boire que celle de la pluie qu'on conserve dans des citernes. Ces isles n'ont point d'autre hiver que le froid occasionné dans les mois de Janvier & de Février par les vents de nord & de nord-ouest, qui rendent l'air assez piquant : plus ils sont forts, moins les tonnerres sont violens. Il n'y a pas

plus de deux cens ans qu'elles ont
été découvertes , & il y a beaucoup moins de temps qu'elles font
peuplées. Les premiers effais de culture y ont fi bien réuffi, que l'on
en a tiré le parti le plus avantageux ; cependant depuis quelques
années , le fol qui par lui - même
étoit affez fertile pour fournir
tous les ans deux moiffons aux laboureurs , dans lequel on ne trouvoit ni pierres ni cailloux, eft devenu
en plufieurs endroits fec & ftérile.
On attribue ce changement à la
deftruction des forêts de cèdres ,
qui garantiffoient auparavant les
fruits des vents chauds qui leur
font contraires, au lieu qu'à préfent
fouvent ils en font gâtés ; & à une
efpèce d'infectes autrefois inconnue dans ces ifles , qui reffemble
aux fourmis, & qui a tellement multiplié, qu'elle ronge la plus grande partie des bleds avant qu'on ait
eu le temps de les recueillir. On
voit par cet exemple qu'il n'eft pas
toujours utile de dépouiller entiè-

L vj

rement la terre des bois dont elle
eſt couverte, par l'appas du gain que
l'on peut en retirer. Souvent ils
entretiennent une fraîcheur ſalu-
taire, ils arrêtent le cours de certains vents nuiſibles ou en diminuent l'impétuoſité, ils conſervent
dans l'atmoſphère des diſpoſitions
qui aſſurent ſa ſalubrité. Peut-être
ſeroit-il très-avantageux pour ces
iſles d'élever de nouvelles forêts à
la place de celles que l'on a coupées ; on leur rendroit leur première fécondité, & les tonnerres
continuant à entretenir la fluidité
de l'air, & à le renouveller en le
débarraſſant des exhalaiſons & des
vapeurs qui à la longue altéreroient
ſa pureté ; elles conſerveroient tous
les avantages qu'elles doivent autant à ces cauſes, qu'à leur ſitua-
tion heureuſe.

La Virginie nous paroît jouir à
peu près des mêmes avantages que
ces iſles. Auſſi rien n'attache autant les Anglois à ce pays qui leur
appartient, que la douceur d'un

climat également éloigné des excès
du chaud & du froid. Dans la partie la plus baffe qui a été la première habitée, l'air eft humide ;
ce qui vient du grand nombre de
rivières & de lagunes que l'on trouve dans ce terrain bas & marécageux : mais depuis que la colonie
eft devenue plus confidérable , &
s'eft étendue dans les terres & dans
les bois, où on a multiplié les plantations à mefure que l'on a défri-
ché , on y a trouvé un air plus pur,
un terrain plus fec ; l'on n'y voit
que des ruiffeaux de la plus belle
eau , qui fe partagent dès leurs
naiffances, en mille petits canaux
pour arrofer toutes les terres. On
ne connoît dans ce pays d'autres
incommodités qui paroiffent tenir
à la température de l'air , que le
tonnerre , quelques jours de chaleurs plus incommodes que nuifibles , & les infectes qui fe multiplient dans les marais pour fe
répandre dans le refte du pays. En
été le bruit du tonnerre y eft ef-

frayant, mais loin de caufer des ravages, il fert fi réellement à rafraîchir & à purifier l'air, qu'on le fouhaite plus qu'on ne le craint : une atmofphère telle que celle de la Virginie, chargée de quantité de vapeurs & d'exhalaifons, contracteroit infailliblement des qualités mal-faifantes, fi de temps en temps elle n'étoit fortement agitée par les vents ou par un agent auffi puiffant que le tonnerre. Auffi ce que l'on y nomme les temps de la chaleur la plus accablante de l'été, peut être réduit à quelques heures de certains jours, lorfque les vents de fud & de fud-oueft dominent. Cette chaleur n'eft difficile à fupporter que lorfqu'elle eft accompagnée d'un grand calme qui dure peu, & ne règne au plus que deux ou trois fois l'année : on peut même s'en garantir à la faveur de l'ombre qu'on trouve fous les arbres épais répandus dans la campagne, dans les jardins ou dans les appartemens deftinés à prendre le frais ; mais le printemps & l'automne font d'un agrément infini dans tous les cantons de la colonie qui s'étend du trente-troifième au trente-feptième degré de latitude feptentrionale. Les hivers y font fort courts, leur durée n'eft que d'environ trois mois ; les vents de nord & de nord-eft amènent dans cette faifon un froid très-piquant ; trente jours après on y jouit d'un foleil pur & d'un air doux & ferein ; il ne faut pas plus de temps pour raréfier l'atmofphère & la purifier des vapeurs trop abondantes que le froid de l'hiver y avoit condenfées. Si la gelée y eft quelquefois très-rude, elle ne dure pas plus de trois ou quatre jours, c'eft-à-dire, jufqu'à ce que le vent ne change ; car il ne gèle jamais que lorfqu'il vient des Monts Apalaches entre le nord & le nord-oueft, & pendant ces courtes gelées rien n'approche de la beauté du ciel. Les pluies de cette faifon y font beaucoup plus fâcheufes par leurs excès,

& par l'humidité qu'elles répandent dans l'atmosphère, elles occasionnent même quelquefois des
maladies épidémiques dans le peuple ; mais celles de l'été n'ont rien
que d'agréable, & souvent on les
desire comme un soulagement nécessaire après une longue sécheresse, & le seul moyen de faire reprendre à la campagne son extérieur
riant & riche. Enfin ce pays est
d'autant plus agréable à habiter,
que sa température est fort douce,
que le sol en est très-fertile, &
qu'il n'est point exposé aux tremblemens de terre, si fréquens dans
les Antilles, aux désastres & aux
intempéries dont ils sont suivis.
Les terres environnées de bois ou
situées dans les hauteurs des montagnes, c'est-à-dire, presque toutes
les habitations nouvelles sont encore plus sujettes aux pluies, aux
grandes rosées & aux fraîcheurs de
la nuit ; on y a cependant fait des
plantations de cannes à sucre ; mais
la terre ne pouvant pas y être au-

tant échauffée par les rayons du
soleil que dans les plaines ouvertes, les cannes y font plus grosses
& même fort sucrées au goût, mais
elles font aqueuses & mûriffent
rarement; ce qui fait que leur sucre
eft gras, crud, fort difficile à cui-
re; il tient des qualités de l'air &
du fol dans lequel il a été formé.

Si l'on voit quelques malades
dans ce beau pays, on ne peut pas
attribuer le dérangement de leur
fanté à un air épais ou à des brouillards mal-faifans, comme dans d'autres parties de l'Amérique feptentrionale ; ni à une chaleur étouffante & à des exhalaifons mal-
faines comme dans les régions plus
méridionales : les Anglois prétendent que la vraie caufe de ces maladies eft l'abus que l'on y fait des
dons de la Nature.

Si nous allons plus avant du fud
au nord, nous trouvons encore
dans les établiffemens que les Européens ont fait fur ces côtes, quelques-uns des avantages de la belle

température qui paroît être le partage de la Virginie ; mais les saisons n'y sont plus aussi réglées, les pluies y sont beaucoup plus incommodes que dans la plupart des autres contrées de la zone tempérée, qui sont à la même latitude.

La Pensilvanie, ainsi que son fondateur Guillaume Pen le fait observer, est à peu près à la même distance du soleil que Naples & Montpellier, dont les positions sont si délicieuses & où l'on respire un air si agréable & si sain. Mais comme nous l'avons déja remarqué, les climats du continent de l'Amérique diffèrent beaucoup de ceux qui sont en Europe sous la même latitude. La Baie de Hudson & la Tamise, qui sont à une égale distance du soleil, n'en éprouvent pas à beaucoup près les mêmes effets. Nous en avons déja dit quelque chose, & nous expliquerons plus en détail les causes de ces variations, lorsque nous parlerons des qualités de l'atmosphère

des pays les plus septentrionaux ,
& de l'hiver perpétuel qui y règne.

Cependant on peut dire que l'air
de la Pensilvanie est pur, sain, &
généralement bon; la rapidité avec
laquelle s'est accru l'établissement
que les Anglois y ont formé le
siècle dernier, le nombre de ses
habitans & la santé dont ils jouissent, en font autant de preuves.
Les pluies y commencent vers le
20 d'Octobre , & durent jusqu'au
commencement de Décembre; quelque temps après le froid leur succède , & souvent il est si vif, que la
rivière de Laware se glace malgré
sa largeur , dans une seule nuit ;
& au bout de quatre ou cinq jours
on auroit peine quelquefois à trouver de la glace, tant la température
est variable. C'est le vent de nord-
est qui règne dans cette saison, ainsi
qu'au printemps & en automne ,
& tant qu'il se soutient le ciel est
rarement chargé de nuages ou de
brouillards ; s'il pleut ou s'il neige,
c'est pour très-peu de temps. L'hi-

ver arrive dans ſa force avec le mois
de Janvier, & finit avec celui de
Mars ; quelque rigoureux que ſoit
le froid, il eſt toujours beau, c'eſt-
à-dire, que le ciel n'eſt ni gris ni
chargé. Le printemps s'annonce par
des pluies douces & une chaleur
légère qui augmente par degrés jufqu'au mois de Juin, mais avec des
inégalités continuelles & auſſi ſenſibles que celles que nous éprouvons depuis quelque temps dans
nos provinces ſeptentrionales ; quoique la différence de latitude ſoit
grande, Philadelphie n'étant qu'au
trente-neuvième degré ; l'été dure
depuis le mois de Juin juſqu'à la
fin de Septembre. Le vent de ſud-
oueſt amène pendant cette ſaiſon,
des orages qui rafraîchiſſent l'air,
mais dont la violence cauſe quelquefois de grands ravages, ſur-tout
dans les forêts & les plantations
voiſines des côtes. D'ordinaire la
chaleur eſt égale, & le thermomètre
reſte fixé à trente-trois degrés ; s'il
ya plus haut, cette température

dure peu. L'automne est la saison la plus agréable de ce pays,
quand la douceur de l'air n'est
pas altérée trop promptement par
les vents de nord-ouest, qui,
venant des montagnes glacées, des
neiges & des lacs du Canada, rendent le froid très-vif & très-piquant tant qu'ils soufflent ; ce qui
arrive d'ordinaire dans les mois de
Décembre, de Janvier & de Février, quand ils ne se font pas sentir plutôt. Ces variations générales n'altèrent pas la pureté de l'air ;
& les eaux n'y font pas moins saines ; elles coulent sur des fonds de
pierre ou de sable vif (*a*).

Malgré tous les avantages de ce
climat, les habitans y vivent communément moins qu'en Europe ;
il semble qu'ils ne puissent pas
résister à l'action trop rapide de la
Nature. On y voit la raison dévan-

––––––––––––––––––––

(*a*) Histoire de la Pensilvanie, *in-12*
Paris, 1768.

cer la maturité de l'âge, les enfans y ont une fagacité fingulière,
mais ils ne parviennent pas à la
même vieilleffe que les Européens:
il eft fans exemple qu'un habitant
né dans ces climats, ait atteint quatre-vingt ou quatre-vingt-dix ans.
On ne parle ici que des hommes
d'origine Européenne, car pour les
fauvages qui font les anciens habitans du pays, on voit encore parmi eux des vieillards, mais ils font
en bien plus petit nombre, qu'avant
qu'ils connuffent l'eau de vie &
les liqueurs fortes. Les Européens
y dégénèrent infenfiblement, &
leur conftitution s'altère à mefure
que les générations fe fuccèdent.
Dans la guerre de 1755, les foldats
nés en Amérique ne pouvoient pas
fupporter auffi long-temps les travaux des fièges & les fatigues des
voyages de mer, que ceux qui
étoient venus d'Europe; ils mou-
roient en grand nombre; ils ne peuvent même habiter un autre climat
fans être fujets à quantité d'acci-

dens qui les font périr. Les femmes y font des enfans beaucoup plutôt qu'en Europe, mais elles cessent d'en avoir dès l'âge de trente-cinq ans. On regarde cette nature précoce & foible comme un effet des excès en tout genre, très-communs dans les colonies. On prétend encore que l'inconstance des saisons & l'extrême variabilité du climat peut y contribuer ; il seroit, dit-on, impossible de trouver un pays sur la terre où la température de l'air change dans un jour autant de fois & aussi brusquement qu'en Pensilvanie ; en vingt-quatre heures, on y a éprouvé jusqu'à six de ces variations très-marquées.

La Nouvelle-Angleterre qui s'étend au-delà de la Pensilvanie, dans un espace de plus de cent lieues, entre le quarante-unième & le quarante-cinquième degré de latitude, peut être regardée comme tenant le milieu de la zone tempérée ; mais son climat n'est pas aussi doux, ni d'une température aussi régulière

que les pays qui lui font parallèles en Europe, tels qu'une partie
de l'Italie & plufieurs provinces de
France. Les brumes de l'Amérique
feptentrionale commencent à y faire fentir leurs effets, les étés y
font plus courts & plus chauds,
les hivers plus longs, plus froids,
plus humides : cependant ils n'y
caufent point encore d'intempéries
incommodes ; l'air y eft fain & pur,
& fes qualités font fi conftantes,
que l'on y jouit fouvent du ciel
le plus ferein pendant deux ou
trois mois de fuite, foit en été,
foit en hiver ; les grandes variations ne fe font fentir qu'au printemps & en automne, & c'eft auffi
le temps où l'air agit avec le plus
de force fur les tempéramens.
Ceux qui ne font pas d'une conftitution robufte, éprouvent dans ces
faifons les mêmes incommodités
qu'ils reffentiroient peut-être ailleurs ; car toute la partie de la Nouvelle-Angleterre, habitée & cultivée, jouit, ainfi que la Penfilvanie,
d'une

d'une température fort saine, quoiqu'elle tienne plus du froid que
du chaud.

Il y a près d'un siècle que M. Boyle entendit un envoyé du gouver-
neur de la Nouvelle-Angleterre,
dire au roi Charles II, qui s'infor-
moit de la température & de l'état
de l'air de cette colonie, que le
climat étoit fort changé, & étoit
devenu beaucoup moins froid depuis que les Anglois s'y étoient établis. Il n'y auroit aucun lieu de
douter que les nouveaux établissemens n'y eussent été extrêmement
avantageux, s'il est vrai que les naturels du pays attribuassent le changement de température, à la bonté
du Dieu des Anglois, qui ne leur
causoit aucun dommage, mais leur
accordoit des biens en abondance,
des grains, des fruits, du bétail,
de belles saisons, des pluies modérées ; que tout depuis leur arrivée
étoit changé en bien ; que dans l'espace de dix ans on n'avoit presque
rien eu à redouter des pluies d'o-

Tome II. M

rage, des tonnerres ſi communs autrefois, des vents froids & des longues tempêtes ; c'eſt ce que rapporte
Wood, cité par M. Boyle (a), dans
ſa deſcription de la Nouvelle-Angleterre. La pluie étoit rare autrefois dans ces climats, mais violente, très-groſſe, & preſque toujours
accompagnée d'orages qui duroient
juſqu'à quarante-huit heures, & hu-
mectoient la terre pour long-temps,
& à une grande profondeur. A
préſent, dit Wood, la pluie y eſt
plus fréquente & moins forte, on
n'y voit plus de ces ouragans impétueux, & l'égalité de la température
ſe ſoutient.

(a) Boyle, *de coſmicis rerum qualitatibus,*
in-4°. Baſ. 1677.

§. XII.

Suite des observations sur l'A-mérique septentrionale

En remontant toujours au nord, on ne connoît plus que deux faisons, un hiver tout hériffé de frimats & de glace, qui dure six mois, & un été prefqu'auffi long. Dans le Canada les froids font exceffifs, & l'hiver eft de fix à fept mois; il eft fur-tout fort rude depuis environ le 15 Novembre jufqu'à la fin de Mars: la neige y tombe en fi grande abondance, que l'on ne peut marcher dans les campagnes que la raquette aux pieds : les terres ne font découvertes, & les eaux écoulées, qu'à la fin de Mai; alors on feme du froment qui croît vîte, & dont la récolte fe fait au mois d'Août. Ainfi on paffe fubitement d'un très-grand froid, par un degel prompt & court, à une chaleur fen-

fible ; cependant la température
de l'air y eft très-faine, les hommes
y font robuftes, bien faits, & même fpirituels : toutes les plantes &
les graines y croiffent avec fuccès,
le pays eft fertile, & les peuples des
différentes latitudes s'y accoutu-
ment aifément, fans que le changement d'air leur occafionne aucune maladie extraordinaire ; ils
s'y portent bien , & ceux qui s'y
établiffent, y vivent auffi long-
temps que dans aucun autre climat.
Les vents de nord & d'eft qui règnent le plus dans ces deux faifons,
peuvent être regardés comme la
cauſe de la falubrité de l'air, qu'ils
déchargent de cette quantité énorme de vapeurs humides que la fonte des neiges & l'évaporation de
l'été y répandent.

On a fi peu d'obfervations fur
les qualités de l'air que l'on refpire
dans ces vaftes terres, qui s'étendent
du Canada au nord de l'Amérique,
& qui ne font habitées que par
quelques peuplades très-éloignées

les unes des autres, que l'on doit s'en tenir à ce sujet aux regles générales que nous avons rapportées, & qui font plus applicables à ce pays qu'à aucun autre. Ce que l'on peut ajouter ici, c'eft que tous les fauvages de ces régions différentes font grands, robuftes, bien faits, infatigables à la marche, légers à la courfe, courageux, graves & modérés; qualités qui font une fuite de l'éducation qu'on leur donne, ainfi que nous l'avons rapporté plus haut (§. X.) Ils fupportent auffi aifément la faim que les grands excès de la nourriture (*a*); ils reftent quelquefois trois ou quatre jours fans rien manger, fans en paroître incommodés, & fans difcontinuer leurs travaux ou leurs marches; feulement ils fe ferrent le ventre avec une ceinture à mefure qu'il diminue. Ils reffemblent, dit-

____

(*a*) *Voyez* l'Hiftoire Naturelle du Cabinet du Roi, *tom. 6*, *édit. in-*12, Difcours fur les variétés dans l'efpèce humaine.

on, si fort aux Tartares Orientaux, par la couleur de la peau, des cheveux & des yeux, par le peu de barbe & de poil, de même que par le naturel & les mœurs, qu'on les croiroit issus de cette nation, s'il n'étoit pas probable qu'ils sont séparés les uns des autres par une vaste mer. Mais comme ils sont sous la même latitude, on s'est contenté jusqu'à présent de croire que cette ressemblance de couleur & de figure, n'est qu'un effet du climat. Peut-être qu'un jour on découvrira une communication par terre entre le nord de l'Asie & celui de l'Amérique ; on ne pourroit même pas douter de sa réalité, si, comme l'a écrit un Jésuite missionnaire à la Chine , il est vrai qu'il y ait rencontré une femme qu'il avoit catéchisée & baptisée dans l'Amérique septentionale, & qui assuroit être venue par terre, des régions où elle étoit née, jusqu'à la Chine.

Mille circonstances permettent de penser que les hommes rouges, ou Américains septentrionaux, sont originaires d'Asie, & que ces deux parties du monde ont été anciennement jointes ensemble par un isthme que la mer a rompu, si effectivement il ne subsiste plus. La plus frappante est que l'on a trouvé en 1735, dans les marais sur le bord de l'Ohio, le squélette de quatre éléphans, deux gros & deux petits : or il est certain que l'on n'en a jamais vus en Amérique; ceux-ci ne pouvoient donc venir que de l'Asie lorsque les deux continens étoient joints. Depuis que les Anglois sont en possession de tout le Canada, ils ont envoyé des personnes instruites pour découvrir s'il n'y a point de communication entre les mers à l'ouest de ce pays & la grande mer du sud; & elles ont rapporté que les Indiens les plus reculés leur avoient appris que depuis le lac supérieur, il y avoit une rivière navigable jusqu'à l'occident, & qu'à quelques centaines de lieues au-delà, on trouvoit un peuple nombreux,

M iv

redoutable & sage, qui porte la barbe, & sçait manier les armes à feu; que son pays est entouré de montagnes, mais que sa langue, ainsi que ses habillemens, diffèrent de ceux des Européens : c'est-à-dire, des Espagnols, des François & des Anglois, les seuls que ces Indiens aient pu connoître. On conjecture que ces peuplades sont les Russes établis dans la partie la plus orientale de l'univers. On lit encore dans la nouvelle histoire de la Californie, que les Russes se sont fort approchés de ce pays, ce qui porte à croire que l'Amérique est jointe à l'Asie du côté du nord-ouest, & que c'est par-là que des hordes de Tartares sont passées très-anciennement dans l'Amérique. Le nom des Chatkas, nation nombreuse dans la Louisiane, en est, dit-on, une preuve; elle est une branche des peuples qui habitent l'extrémité la plus orientale de l'Asie, en tirant au nord du Kamchatka, qui dans la langue du pays, veut dire le royaume des

Chatkas; nation la plus considérable peut-être de toutes celles
qu'on appelle sauvages, &, contre
l'ordinaire, lâche, fanfaronne, & se
souciant peu de la guerre; ce qui
fait, dit-on, qu'elle s'est si bien
maintenue, tandis que les nations
plus braves se détruisent entr'elles.

L'espèce de religion qui s'est con-
servée parmi ces peuples, au moins
ceux qui sont assez nombreux pour
observer quelque police & quelque
ordre civil, peut encore fortifier ces
conjectures. Leur culte principal
est celui du feu, que l'on sçait être
très-ancien en Asie, & avoir précédé
toute autre fausse religion. Suivant
la tradition des Américains, un
homme & une femme qui se di-
soient enfans du soleil, parurent
tout d'un coup parmi eux, leur
donnèrent des loix si sages qu'ils
s'y soumirent, & établirent le culte
du feu éternel, dans un temple qu'ils
lui consacrèrent. Celui qu'on connoît le mieux, & qui subsiste encore, est le temple des Natchès, où

M v

les gardiens au nombre de huit, le grand ſoleil & quelques-uns des principaux chefs de la nation, ont ſeuls le droit d'entrer. Deux de ces gardiens ſont continuellement oc-cupés à entretenir le feu ſacré avec du bois de noyer blanc dont ils ôtent l'écorce ; s'il venoit à s'étein-dre par négligence, ils ſe croiroient menacés de malheurs inévitables, peut-être de la perte entière de la nation : ils racontent à ce ſujet des hiſtoires prodigieuſes. Ce qu'il y a de certain, c'eſt que le grand ſo-leil & les autres qui ſe croient déſ-cendus de ce premier légiſlateur, fils du ſoleil, regardent le feu ſacré comme un hommage qu'exige le grand Eſprit (l'Être ſuprême), qu'ils croient réſider dans le ſoleil, & qui veut qu'on le révère dans cet aſtre vivifiant, comme l'auteur de la Nature : ils diſent qu'il n'y a rien à lui comparer ici-bas, & qu'en éclairant l'univers, il y répand la joie & l'abondance. C'eſt d'après ces principes qu'ils rendent au ſo-

leil un culte, comme à l'image fenfible de la grandeur & de la bonté
d'un dieu qui daigne fe communiquer aux hommes en leur prodi-
guant fes bienfaits : le moyen le
plus fûr de les mériter, c'eft d'entretenir avec foin le feu facré. Les
François établis à la Louifiane ont
vu, dans ce fiècle, combien l'attention du grand foleil redouble pour
la confervation de ce feu, lorfque
quelques phénomènes extraordinaires viennent effrayer ces peuples
ignorans. Un ouragan qui paffa dans
le canton des Natchès, il y a environ
trente ans, & qui dura deux jours,
dans un climat où le ciel eft fi beau
& l'air fi conftamment pur, que les
pluies les plus fortes ne font pas
de plus d'une heure ou deux, leur
parut annoncer quelque chofe de
finiftre ; &, perfuadés comme ils le
font, que l'extinction du feu facré
eft fuivi de la mort d'un grand nombre d'hommes, ils appréhendoient
tous de périr fi ce fecond accident
fe joignoit au premier : auffi tant

M vj

que l'orage dura, le grand soleil &
les principaux de la nation ne cef-
sèrent pas de veiller avec l'attention la plus scrupuleuse à l'entretien & à la conservation du feu
sacré. C'est à quoi se bornent toutes leurs cérémonies religieuses : ils
n'ont d'ailleurs ni sacrifices, ni of-
frandes, ni libations ; on ne leur
connoît aucune formule de prières,
aucun devoir journalier, qui leur
rappelle l'idée du souverain Être.
Ils en parlent avec respect dans
l'occasion, & toute leur morale est
de spéculation plutôt que de pra-
tique (*a*).

Le conseil de la nation, les vieillards & les chefs s'en entretiennent
quelquefois dans leurs assemblées,
par le moyen desquelles la tradition des faits intéressans pour eux,
se conserve. C'est-là qu'ils répètent
encore, que pour être en état de
gouverner les autres, il faut sçavoir

____

(*a*) *Voyez* l'Histoire de la Louisiane ;
Paris, 1758.

se gouverner soi-même ; que pour vivre en paix les uns avec les autres, & plaire au grand Esprit, il est indispensable de ne tuer personne que pour la défense de sa propre vie ; de ne jamais connoître d'autre femme que la sienne ; ne rien prendre qui appartienne à autrui ; ne jamais mentir ni s'enivrer ; n'être point avare, mais donner libéralement & avec joie de ce que l'on a à ceux qui n'en ont point, partager généreusement sa nourriture avec ceux qui en manquent ; tels sont les principaux points des instructions que donna à ces peuples, leur premier chef, qui se disoit fils du soleil. Ce culte & cette morale ont un rapport si marqué avec l'ancienne religion & la doctrine des orientaux, qu'il est très-probable que les Américains, les Chinois & les Indiens les ont puisés dans la même source.

Mais toute cette doctrine sublime ne sert guère que de matière à la conversation des vieillards, ou

d'ornement à leurs harangues mi-
litaires & aux différens traités qu'ils
font avec les Européens. Ils ne con-
noiſſent pas l'uſage du vin, & ne ſe
ſoucient pas d'apprendre les moyens
d'en faire, non plus qu'aucune autre
liqueur forte ; ainſi ils ne s'enivrent
jamais que lorſqu'ils peuvent avoir
de l'eau-de-vie, qu'ils aiment avec
paſſion. L'adultère eſt aſſez rare parmi eux, quoiqu'ils ne le puniſſent
pas de mort ; ils ſe contentent de
fouetter, dans une aſſemblée de la
nation, les deux coupables, ou d'a-
bandonner la femme à la brutalité
de tout le public. Cette eſpèce de
punition la rend infâme, ainſi que
ſon complice, juſqu'à ce qu'au bout
d'un certain temps, lorſque le fait
a été oublié, elle ne rentre dans la
ſociété en faiſant un nouveau ma-
riage avec un autre homme. Au
reſte, on peut juger de ce qu'ils
penſent ſur la fidélité de leurs épou-
ſes, par l'uſage où ils ſont de ne
compter les deſcendances que par
les femmes : ainſi c'eſt toujours par

les filles du grand soleil que la souveraineté se perpétue dans une même famille; ils prétendent qu'autrement ils ne seroient jamais assurés d'avoir pour chef un soleil qui fût véritablement du sang de leur premier législateur. Cette coutume, qui sans doute est fort ancienne, est encore observée, & pour les mêmes raisons, dans quelques états des Indes orientales.

Comme tout est commun dans une nation, que le produit de la chasse & de la pêche se partage, que chacun cultive ce qu'il lui faut de mays & d'autres grains, que les fruits qui croissent dans les forêts leur appartiennent également, ces peuples n'ont point de dispute entr'eux pour les droits de propriété; ils vivent à cet égard comme une famille bien unie. Mais si quelque nation étrangère les trouble dans la jouissance de ces biens qu'ils se sont appropriés, si l'on vient chasser dans les forêts dont ils se regardent comme propriétai-

res, s'ils font inftruits, s'ils foup-
çonnent que l'on forme quelque
deffein contre leur vie & leur liberté; c'eft alors que leur inclination naturelle pour la vengeance devient une paffion ardente qui les
dévore, jufqu'à ce qu'elle fe foit
affouvie dans le fang de ceux dont
ils ont reçu quelque injure, ou de
qui ils croient avoir à redouter
quelque entreprife. Rien n'égale
les cruautés auxquelles fe portèrent
les Dellavares contre quelques-uns
des établiffemens Anglois de la
Penfilvanie en 1755. Ils s'en approchèrent pendant l'obfcurité de la
nuit, en maffacrèrent les habitans,
qui, dans un temps de paix, ne
croyoient pas avoir rien à redouter
de leur fureur; ils fe livrèrent de
fang-froid à des excès de cruauté
dont le feul récit fait horreur (a);
& ce qu'il y a peut-être de plus
affreux, c'eft que c'eft un triomphe

______

(a) *Voyez* l'Hiftoire de la Penfilvanie,
Paris, 1758.

pour eux, une action folemnelle & mémorable que d'avoir prévenus leurs ennemis encore tranquilles fur la foi des traités.

La vertu appartient donc encore moins à l'homme fauvage qu'à l'homme civilifé ; & il y a plus que de la fingularité, à chercher parmi ces nations barbares, des héros & des hommes vertueux dignes d'être propofés pour modèles ; on n'y trouvera que des hommes brutaux & emportés, ou d'une ftupidité tranquille. C'eft l'occafion qui décide des changemens dont leur ame eft fufceptible. La groffièreté de leurs ufages avoit donné les préventions les plus favorables fur la fimplicité de leurs efprits & de leurs cœurs : tout avoit paru fingulier, étonnant dans les mœurs de ces hommes nouveaux. Les Chinois & les peuples policés du Mexique avoient infpiré aux Européens des fentimens d'admiration dont on eft bien revenu : des fauvages ne pouvoient pas manquer de féduire des lecteurs avides

du merveilleux. Les voyageurs, in-
téréſſés à donner du prix à leurs
travaux & à leurs découvertes, furent attentifs à faire valoir quelques traits frappans d'amitié, de
bravoure ou de fidélité, que l'on
regarda trop légèrement comme le
fonds des mœurs des nations ſauvages : mieux appréciés, on ne les
auroit vus que comme une lumière
forte qui paroiſſant dans un endroit obſcur, étonne plus les yeux
qu'une lumière univerſelle répandue dans l'air. Ces vertus parmi les
peuples policés ne ſe montrent pas
avec autant d'éclat, parce qu'elles
ſont plus communes.

Le commerce avec les Européens,
le ſentiment de leur propre foi-
bleſſe, le défaut d'armes offenſives
auſſi meurtrières que celles que
nous avons entre les mains, les ont
rendus perfides, ſouples & fourbes,
lorſqu'ils ont eſpéré de trouver plus
aiſément par ces moyens l'occaſion
de ſatisfaire leur paſſion pour la
vengeance; une fois irrités, ce ſont

des ennemis irréconciliables , &
contre lesquels il faut être toujours
en garde. A mesure qu'ils ont acquis plus de connoiffance des denrées propres à leur pays, & qu'ils
ont pris plus de goût pour celles
qu'ils recevoient en échange des
Européens, ils font devenus plus
rufés dans le commerce, & l'intérêt, plutôt que la fociété, a été pour
eux une nouvelle fource de vices.
Quant à l'évaluation jufte des appé-
tits de la nature, que l'on prétend
pouvoir faire en les étudiant, on
verroit encore qu'ils ne cherchent
qu'à les fatisfaire, ainfi que les autres hommes, & que dans le fauvage le premier appétit de la nature eft la brutalité, le fecond le
defir d'une jouiffance exclufive : ils
ne s'inquiètent pas des moyens,
c'eft le moment qui les détermine;
ce qui fait qu'ils paffent une partie
de leur vie dans un état qui reffemble beaucoup à celui de la végétation. On a donné, dans l'hiftoire
d'une jeune fille fauvage, imprimée

à Paris en 1755, des détails qui expliquent les premiers développemens de la nature, & qui conduisent nécessairement à penser, que dans cet état, l'intérêt personnel le plus brutal & le plus grossier, est le premier mobile de toutes les actions de l'homme sauvage. Le cri de l'humanité se fait quelquefois entendre; mais bientôt il est étouffé; & l'horreur qu'excita parmi quelques-unes de ces nations l'assassinat de M. de Jumonville, n'a point adouci leur férocité.

Le peu d'avantage qu'ils ont sur les autres hommes, ils le doivent à leur imagination froide & bornée; ils ne se font pas une idée chimérique de plaisirs qui ne peuvent exister que dans l'excès, & auxquels il n'est pas possible d'arriver: ils ne suivent que les mouvemens de la Nature; mais il est très-vraisemblable que s'ils trouvoient alors quelque obstacle qui s'opposât à leur satisfaction, on verroit bientôt disparoître cette douceur & ce calme dont ils jouiffent fans en connoître le prix, & qui ne font jamais plus parfaits que lorfqu'ils ne font follicités par aucun befoin. Le climat influe-t-il fur des caractères de cette efpèce? ou ne doit-on pas attribuer plutôt les inclinations de ces fauvages à l'habitude qui s'eft établie parmi eux, depuis leur difperfion dans les terres qu'ils habitent, où ils font plutôt errans que folidement établis, de ne reconnoître d'autre loi que celle du plus fort? Je ne crois pas que quelques exceptions foient capables de porter préjudice à la vérité de ce tableau général.

Nous avons parlé plus haut des qualités de l'air dans le Canada : fi l'on quitte les terres pour fe rapprocher des bords de la mer, à peu près à la même latitude, la température ne paroît que plus rigoureufe. L'Ifle-Royale, ou Cap-Breton, qui eft au quarante-cinquième degré cinquante-trois minutes de latitude, eft dans un climat beaucoup plus dur encore que Québec & le reste du Canada : l'hiver y occupe plus de la moitié de l'année ; la terre, long-temps couverte de trois ou quatre pieds de neige qui ne fond qu'en été, peut difficilement être cultivée & fournir à l'entretien du bétail, que l'on est obligé de renfermer & de nourrir pendant sept mois au moins dans l'écurie. Les gelées, qui commencent quelquefois en Octobre, & tout au plus tard en Novembre, durent jusqu'au mois de Mai ou de Juin ; alors les glaces ferment absolument le port de Louisbourg, & sont si épaisses & si solides qu'on peut le parcourir à pied dans toute son étendue. Les brouillards y sont très-fréquens dans cette saison, & s'ils duroient long-temps, ils établiroient dans cette isle une intempérie dangereuse ; mais les vents du nord, qui sont d'une impétuosité à laquelle les édifices les plus solides ont peine à résister, les dissipent & amènent un froid plus pi-

quant, & moins contraire à la santé, que l'humidité dont l'atmofphère eft pénétrée dans le temps
des brumes, qui répandent une
froidure morfondante, dont il eft
difficile de fe garantir.

Les terres qui font à couvert des
vents du nord & du nord-oueft,
par les montagnes qui les bordent
le long du fleuve Saint-Laurent, &
dont l'afpect eft au midi, dès
qu'elles font découvertes, prodüi-
fent des fruits & des grains de
toute efpèce avec une promptitude
étonnante. Il femble que la Nature
fe hâte de fe tirer des fers d'un
hiver rigoureux, pour répandre fes
dons avec abondance. Les montagnes qui font à cet afpect, peuvent
être cultivées jufqu'au fommet ; le
terrain, quoique léger, eft d'une
grande fertilité ; mais ce n'eft pas
la partie la plus confidérable de
l'ifle ; le refte, & fur-tout les côtes,
ne font prefque qu'un fable aride
& léger qui cède à la violence des
vents du nord, qui l'accumule, &

en forme des espèces de dunes mobiles. Voilà ce que l'on peut dire de plus précis sur ce petit coin du monde, que de grandes puissances se sont disputé si long-temps.

L'isle de Terre-Neuve, qui n'est qu'à quinze ou seize lieues du Cap-Breton, est dans une température encore plus rigoureuse; on y jouit rarement d'un ciel pur & serein; ce qui vient du voisinage du grand banc, où règne un brouillard continuel, dont on ne peut rapporter la cause qu'à la nature même du banc, & aux vents impétueux qui règnent dans ces parages. Il est formé par le plus grand amas de sable que l'on connoisse dans toutes les mers; il est sans cesse battu par les vagues agitées, qui y répandent une humidité constante, & à une assez grande profondeur: cette espèce de terrain n'étant jamais échauffée par les rayons du soleil, & ayant par elle-même peu de chaleur intérieure, les vapeurs épaisses qui en sortent continuellement, ne peuvent

vent presque jamais être assez atténuées pour s'élever à une certaine
hauteur, & se dissiper dans l'air :
leur poids & leur densité les tient
unies les unes aux autres ; & chas-
sées par l'action des vents, elles se
répandent aux environs sous la forme d'un brouillard épais, qui porte
dans une partie de l'isle de Terre-
Neuve, la température humide &
froide du grand banc ; ce que l'on
doit attribuer non à l'intensité du
froid, mais à la foiblesse de la
chaleur, & à l'action du soleil in-
terceptée qui ne peut dissiper le
brouillard. Ces vapeurs conservent
donc presque toujours leur grossièreté : si quelquefois elles disparois-
sent, si l'on jouit dans ces climats
de quelques jours purs & sereins,
hors le temps du solstice d'été, ce
n'est pas qu'elles soient atténuées ;
mais, ou le vent les a transportées
ailleurs, ou les pores de la terre
étant resserrés par un froid extrême,
l'évaporation est presque insensible :
& alors ces vapeurs acquérant un

nouveau degré de denfité, elles font entraînées par leur propre poids à la furface de la terre, où elles s'arrêtent. Telles doivent être les caufes de la température de l'ifle de Terre-Neuve du côté du fud & de l'eft ; & ce font fans doute ces parties que le baron de la Hontan, qui avoit demeuré long-temps à Plaifance , repréfente comme une terre affreufe, ou plutôt comme un rocher prefque tout couvert de mouffe, où l'on ne recueille d'autre fruit que des fraifes & des framboifes dans la belle faifon , où les bois ne font bons à rien, où la chaffe eft impraticable, excepté celle des perdrix , des oifeaux de rivière, & de quelque autre petit gibier , que les ruiffeaux & les étangs qui font autour de la baie & du port de Plaifance , y attirent en grand nombre dans la belle faifon. Si le foleil paroît en été, fon ardeur eft infupportable ; les vapeurs dont l'atmofphère refte chargée, réfléchiffant fes rayons en tout fens, rendent la sensation de la chaleur très-vive, & en redoublent l'effet au point que le poisson sèche très-promptement, & souvent même est brûlé sur les graves. Ainsi jamais on n'éprouve dans ces climats une température douce & modérée : les rigueurs du froid s'y font sentir pendant les deux tiers de l'année ; & si les brumes cèdent pour quelques instans aux rayons du soleil, c'est pour passer à l'excès contraire, & ressentir des chaleurs plus cuisantes que sous la zone torride, & d'autant plus incommodes que l'on y est moins habitué (*a*).

Cependant, il y a quelques exceptions à faire ; on prétend que dans les quartiers de l'ouest & du nord qui sont plus éloignés du grand banc, & où les brouillards arrêtés dans leur cours par les montagnes de l'intérieur

____

(*a*) Histoire générale des Voyages tom. 15, éd. in-4°.

N ij

de l'iſle, ne peuvent pas pénétrer, les ſaiſons de l'hiver & de l'été ſont également ſereines, & que l'air y eſt beaucoup plus ſain que ſur les côtes du levant & du midi. Quant à l'intérieur de l'iſle, il eſt impoſ-ſible d'y pénétrer, étant rempli de montagnes couvertes de forêts im-pénétrables, & ſéparées par des précipices hériſſés de rochers, où les chaſſeurs les plus hardis n'ont oſé s'engager. Toutes ces cauſes réu-nies, jointes à la latitude du pays qui eſt entre le quarante-quatriè-me & le cinquante-unième degré de latitude, à ces glaces monſ-trueuſes, qui, deſcendant des mers du nord, s'arrêtent ſur ſes riva-ges & y ſéjournent long-temps, aux vents d'eſt & de nord qui y ſont d'une impétuoſité à laquelle les édifices les plus ſolides ont de la peine à réſiſter, doivent ren-dre le froid extrême dans cette iſle, quoique ſon climat réponde à celui des provinces de l'Europe, où la température est encore fort douce. Mais, comme on l'a vu, toutes les causes qui peuvent porter le froid à une grande intensité, s'y trouvent rassemblées, & la distance de l'équateur est déja trop grande pour qu'elles n'aient pas un plein effet.

Dans la grande mer qui sépare notre continent de l'Amérique, ordinairement on ne trouve plus de glaces dès le mois d'Avril, en-deçà du cinquantième au soixantième degré de latitude septentrionale. Les sauvages de l'Acadie & du Canada disent que quand elles ne sont pas toutes fondues dans ce mois-là, ou peu après, c'est une marque que le reste de l'année sera froid & pluvieux. En 1725 les glaces n'étoient pas fondues au mois de Juin, & les vaisseaux François qui vont à la pêche de la morue, trouverent de ces montagnes flottantes, dès le quarante-unième & le quarante-deuxième degré de

latitude ; spectacle qui leur fut tout-
à-fait nouveau. Le 15 de Juin,
deux vaisseaux pensèrent être surpris de ces mêmes glaces, au quarante-cinquième degré. N'est-il pas
vraisemblable que le froid ou le
peu de chaleur de l'été qu'on eut
cette année en Europe, tenoit en
grande partie à cette cause ? Les
vents de sud & sud-ouest, régnè-
rent assez constamment : naturellement ils auroient dû apporter
des vapeurs chaudes, & ils n'é-
toient chargés que de particules
détachées de ces grands morceaux
de glace qu'ils trouvoient en chemin hors de leur saison, & ces
particules venoient se fondre dans
notre atmosphère en pluies abondantes. C'est ainsi que les Météores
d'un pays dépandent souvent de
ceux d'un autre, & qu'il y a une
communication générale entre toutes les parties de l'atmosphère terrestre, quelque éloignées qu'elles
soient. N'est-ce pas aux mêmes

causes que nous devons attribuer les intempéries des étés de 1767 & 1768 (*a*)?

Si nous rentrons dans le continent de l'Amérique septentrionale, pour examiner les terres qui s'étendent du quarante-huitième degré de latitude environ au cinquante-cinquième, au-dessus du Canada & des colonies Angloises, jusqu'à la baie de Hudson, nous trouvons dans les eaux & dans les forêts dont elles sont couvertes, les causes de la température qui y domine.

Les cartes les plus exactes établissent une communication entre la baie de Hudson & les grands lacs de l'Amérique septentrionale par l'ouest-sud-ouest : ce sont ces lacs qui fournissent une partie des eaux douces qui coulent dans cette mer par les golfes voisins du fort Nelson & du fort du prince de

______

(*a*) *Voyez* les Mémoires de l'Académie des Sciences, année 1725. Hist. *pag.* 1.

N iv

Galles. Il paroît même que c'est
de là que partirent les François
qui formèrent dans la baie de Hudson le premier établissement connu sous le nom de fort Bourbon:
or , cette partie de l'Amérique ,
quoique plus reculée dans les terres
& sous une latitude moins avancée, ne jouit pas d'une température beaucoup plus douce ; ce que
l'on ne peut attribuer qu'à la multitude de lacs, de rivières & d'eaux
répandues dans ce grand continent,
& qui égalent en espace au moins,
la moitié des terres de l'Europe.
Les grandes forêts dont le pays est
couvert, doivent encore contribuer
à la durée du froid & de sa rigueur , sur-tout dans les contrées
où l'on n'a point encore fait d'é-
tablissemens solides , & qui n'ont
que quelques habitans sauvages &
en petit nombre; car dans les régions
que l'on a découvertes , lorsqu'on y
abat les bois , on s'apperçoit de
jour en jour , que les hivers sont
moins longs & moins rigoureux.

Sans cela ces pays devroient au moins jouir d'une température égale entre le froid & le chaud, le terrain étant en général élevé & fort sec. Tous ceux qui ont voyagé du Canada à ces régions, assurent que le sol y est par-tout mêlé de sable & de pierre, plus qu'en aucun autre endroit du monde ; il y pleut rarement, l'air y est extrêmement pur & sain, preuve sans replique de la sécheresse naturelle de la terre ; mais aussi il n'y a point de pays au monde où il y ait plus d'eaux, & c'est ce mélange de sec & d'humide , secondé de l'action des vents, qui est très-propre à former les glaces & les neiges, dont la quantité produit l'excès & la durée du froid, & ses effets imprévus dans une saison où l'on ne s'attend point à les ressentir. Une seconde cause des grands froids de ces régions, est le voisinage de la mer du nord, qui pendant la plus grande partie de l'année , est couverte de glaces énormes. Il ne neige au Canada

que par le vent de nord-est ; &
quoique le froid semble moins vif
pendant la chûte des neiges, elles
répandent dans toute l'atmosphère
une cause sensible & durable de
froid , & contribuent beaucoup à
rendre plus piquans les vents de
nord-ouest & d'ouest , dans l'im-
mensité des pays qu'elles couvrent
& que ces vents traversent. Ces neiges répandent sur le sol & dans
l'air des dispositions si prochaines
au froid , qu'il n'est pas rare de
voir au Canada de la gelée pendant la nuit, après une journée fort
chaude : phénomène que l'on ne
peut expliquer qu'en supposant que
l'action du soleil pendant le jour
ayant ouvert les pores de la terre ;
l'humidité qui y étoit renfermée,
les parties salines & nitreuses dont
elle étoit imprégnée , & l'air qui
est toujours très-subtil dans des
terres aussi élevées, combinés ensemble , forment ces petites gelées
accidentelles , par le même méchanisme que les glaces artificielles se

font par le mélange de la glace ou de la neige avec du sel, dont on entoure exactement le vase où est contenue la liqueur que l'on veut glacer. Par-tout où ces causes se rencontrent, le même effet s'ensuit: à plus forte raison dans un pays où la multitude des lacs & des rivières, l'épaisseur des forêts & des montagnes toujours couvertes de neiges, entretiennent dans l'atmosphère une fraîcheur habituelle, qui cependant ne diminue en rien sa salubrité. Car cette abondance d'eaux ne fournit pas à l'air une quantité de vapeurs aussi considérable qu'on pourroit l'imaginer : la plupart sont fort claires & sur un fonds de sable vif ; leur agitation constante & presque toujours extrême, émoussant la force des rayons du soleil, diminue d'autant la quantité de l'évaporation qui s'en fait, & qui, dès qu'elle est considérable, se condense & retombe promptement en brouillard ; au moins dans les saisons où l'on peut voyager dans ces pays & y reconnoître l'état de l'air : c'est pourquoi il y pleut aussi rarement que sur l'Océan. Néanmoins ces mers d'eau douce sont sujettes à des tempêtes très-violentes & fort périlleuses : nos lacs même d'Europe, quoique si petits, en comparaison de ceux de l'Amérique, ont des temps où la navigation y est fort difficile, à cause des ouragans qui s'y élèvent & y causent des naufrages : on ne traverse pas sûrement le lac Majeur dans le temps des solstices.

Mais aucun de ces amas d'eaux ne présente un phénomène aussi surprenant que le lac Supérieur en Canada ; il a deux cens lieues de long de l'est à l'ouest, quatre-vingt de large en plusieurs endroits du nord au sud, & cinq cens de tour. Son bord méridional est sablonneux, assez droit & fort battu des vents du nord ; la rive septentrionale a moins de danger pour les navigateurs, parce qu'avec des vents moins impétueux,

elle eſt bordée de rochers qui forment de petits havres, & autant
de retraites ſûres, dans le temps de
la tempête ſingulière dont je vais
parler. Elle eſt annoncée deux jours
auparavant : on commence à appercevoir ſur la ſurface des eaux un
petit frémiſſement qui dure tout
le jour ſans augmentation ſenſible :
le lendemain d'aſſez groſſes vagues
couvrent le lac, & ne ſe briſent
point dans toute cette journée, de
ſorte qu'on peut avancer ſans crainte, & même avec un vent favorable on fait beaucoup de chemin : mais le troiſième jour on voit
le lac tout en feu, & l'agitation
des flots devient ſi furieuſe, qu'on
n'a de reſſource que dans les aſyles
qui ſe trouvent à la côte du nord ;
ſur celle du ſud on eſt obligé de
camper dès le ſecond jour, aſſez
loin du rivage & de tirer les barques & les canots à terre. On ne
peut attribuer ce mouvement extraordinaire qu'à un feu ſouterrain
qui échauffe inſenſiblement les eaux

du lac, & se répandant dans toute
leur masse, les porte enfin au plus
haut degré d'agitation : le vent du
nord soufflant alors avec impétuosité, brise les flots & rend la navigation extrêmement périlleuse.
Sans les dangers dont cette tempête est accompagnée, & qui ne permettent pas de faire aucune observation sur cette petite mer, il est
probable qu'on trouveroit l'eau plus
agitée à son centre qu'à sa circonférence, en tirant du nord au sud,
& que même elle a un degré de
chaleur au-dessus de sa température ordinaire, qui seroit sensible
dans son atmosphère, si les brouillards qui d'ordinaire s'élèvent à sa
surface, dans le temps de cette espèce d'effervescence, n'en arrêtoient
la sensation. C'est ainsi que dans
les climats les plus froids, le feu
répandu dans les entrailles de la
terre, s'échappe d'une manière
fort reconnoissable à son activité
& à ses effets; les causes du froid
extérieur ne pouvant jamais se faire

sentir dans l'eau à une grande profondeur, il y conserve son action,
qui se développe avec d'autant plus
d'avantage, qu'elle n'est point arrêtée par des obstacles extérieurs.
C'est à cette cause que l'on doit
attribuer la chaleur étonnante que
contractent la plupart de ces eaux.
On a vu celles du lac Michigan,
qui communique au lac Supérieur
& au lac Huron, échauffées au mois
de Juillet, au point de fondre le
goudron des canots & les mettre
hors d'état de naviger; ce qui force
les voyageurs de prendre terre &
de marcher par des forêts où ils
sont dévorés par des nuages de
moucherons de toute espèce.

Peut-être qu'en allant plus loin
on trouveroit des régions plus habitables & une température plus
douce & plus égale; car plus nous
rassemblerons d'observations, &
plus nous serons persuadés que les
qualités de l'atmosphère varient,
plus par rapport à la nature particulière de chaque climat, que

par rapport à son éloignement de l'équateur. On ne doit donc pas être surpris, après avoir traversé des pays immenses, où l'on a ressenti toutes les rigueurs de la zone glaciale, de se trouver dans une toute autre température. C'est ce qu'ont éprouvé ceux qui ont fait le voyage de Pétersbourg à Pékin, par les déserts de la Sibérie & les vastes plaines inhabitées de la Tartarie orientale. Au-delà des soixante degrés de latitude nord, on a trouvé des contrées fertiles, un air doux & sain, une végétation forte & bien établie, des sources d'eau pure, des terres qui n'attendent que des cultivateurs, pour déployer les richesses inépuisables qu'elles renferment dans leur sein. Au reste, où ne rencontre-t-on pas de ces situations heureuses ? à l'exception cependant des extrémités du globe, tout-à-fait au-delà des cercles polaires.

§. XIII.

Température des régions de l'Amérique, les plus méridionales. Terres Magellaniques & Auftrales.

Pour ne pas divifer ce qui a rapport au nouveau continent, nous allons paffer à l'autre extrémité de l'Amérique, & nous tâcherons de découvrir les caufes du froid qui s'y fait fentir, à des latitudes bien moins avancées encore que du côté du feptentrion; quoique les qualités du fol y foient tout-à-fait différentes & que les eaux y foient auffi rares qu'elles font abondantes en fe rapprochant de l'autre pôle. Les terres Magellaniques & Auftrales, vont donc nous donner un fpectacle d'un genre tout différent. De toutes les régions de l'univers dont les navigateurs ont pu faire le tour, ce font encore les moins connues :

la mer est si terrible dans tous ces parages, qu'il s'en faut beaucoup qu'on se soit avancé aussi loin dans la latitude méridionale que dans la septentrionale.

Le port de Drac, qui est la terre la plus éloignée que l'on connoisse, & où peu de vaisseaux ont abordé, n'est pas au soixantième degré; la terre de feu qui est par les cinquante-quatre degrés de latitude sud, a des glaces plus énormes encore que celles du Groenland & du Spitzberg. Wafer, dont la relation est imprimée à la suite des voyages de Dampier, rapporte qu'il a rencontré près de la terre de feu plusieurs glaces flottantes très-élevées, qu'il prit pour des isles; quelques-unes pouvoient avoir une lieue ou deux de long, & la plus grosse de toutes lui parut avoir quatre ou cinq cens pieds de haut. Nous verrons que les observations faites au Spitzberg & dans le Groenland, ne nous annoncent rien d'aussi considérable.

Les détails où nous allons entrer, feront voir à nos lecteurs, que l'on n'a que peu d'observations assurées sur ce côté du globe. On ne connoît point du tout l'intérieur des terres, & le peu de côtes que l'on en a découvert, est dû aux tentatives que l'on a faites pour trouver un passage à la mer du Sud, sans faire le tour de l'Afrique par le Cap-de-Bonne-Espérance; ou aux remarques forcées & peu sûres de quelques navigateurs infortunés, que la violence des tempêtes ou la force des courans avoient emportés assez loin dans les mers Australes.

Deux vaisseaux François de la compagnie des Indes furent envoyés vers les terres Australes pour y faire de nouvelles découvertes; ils commencèrent leurs opérations en 1738, & les continuèrent en 1739: si elles ne nous apprennent rien de curieux ou de nouveau, au moins elles nous instruisent sur la température de ces régions &

sur les qualités de l'air. Dès le 26 Novembre 1738, temps où le soleil s'en rapproche le plus, & qui, par rapport à nous, répond au 26 de Mai, ils entrèrent au trente-quatrième degré de latitude & au trois cent quarante-quatrième de longitude, dans une brume qui ne les quitta presque plus. Souvent elle étoit d'une épaisseur qui ne leur permettoit pas de s'entrevoir à la distance d'une portée de fusil. Le 6 Décembre suivant, ils eurent un gros temps accompagné de pluie & de grêle, la vue du feu Saint-Elme les consola, en ce qu'il leur annonçoit la fin de la tempête & une température plus douce. Le 7 Décembre à quarante-quatre degrés de latitude & à trois cens cinquante-cinq de longitude, la brume continuoit & le froid étoit très-vif. Le 8 & le 9, on eut du beau temps ; ce qui n'étoit pas arrivé depuis le 26 Novembre. Les équipages en profitèrent pour sécher leurs hardes qui commençoient à

pourrir d'humidité ; car les brouillards où on avoit été si long-temps,
ne mouilloient pas moins que la
pluie. Le 10 les deux vaisseaux se
trouvèrent par les quarante-quatre
degrés de latitude & le premier
méridien : la brume s'étant réta-
blie de nouveau & ne faisant que
varier du plus au moins d'épaisseur,
la navigation n'en devint que plus
difficile & les observations moins
sûres. Le 14 ils se trouvèrent dans
de grosses glaces, dont quelques-
unes avoient deux à trois cens pieds
de haut, & leur grandeur étoit depuis un quart de lieue jusqu'à deux
ou trois lieues de tour : la brume
ne diminuoit pas, & souvent on
avoit pendant les nuits, de la neige, de la grêle, & on ressentoit
les plus vives pointes de froid,
quoique le soleil fût relativement
à ce pays au solstice d'été. Le premier Janvier 1739, ils crurent découvrir une terre qui leur parut
haute & couverte de neige & de
brouillards ; ils s'en approchèrent

& ne trouvèrent qu'une glace plus confidérable que les autres. Cependant ils ne furent pas détrompés; on fçait combien les illufions d'optique font fréquentes par les temps de brouillards, où la lumière eft toujours incertaine & les ombres extrêmement fortes. Après avoir évité la glace, ils crurent voir de nouveau la terre, & ils y portèrent conftamment depuis le premier Janvier jufqu'au 10, qu'ils reconnurent enfin que cette terre prétendue, n'étoit qu'un nuage fort épais & fort bas, qui fembloit s'éloigner d'eux à mefure qu'ils s'en approchoient : peut-être étoit-ce une de ces taches obfcures ou nuages fixes que l'on remarque toujours à quelque diftance du pole auftral. Après avoir erré tout le refte du mois de Janvier, à travers les glaces & les brumes, les équipages des vaiffeaux ne pouvant pas tenir à l'humidité & au froid qui fe faifoit fentir dans ces parages, pendant une faifon qui devoit être la plus douce de l'année, ils prirent le parti de se séparer & de revenir par des routes différentes aux ports d'où ils étoient partis; après s'être convaincus par leur propre expérience, que dans ces mers plus l'on porte au sud, plus les froids sont vifs & les brumes épaisses, même pendant leur été: parce que l'évaporation étant très-abondante, ses effets sont plus sensibles sur une atmosphère qui reste toujours froide: peut-être que dans la saison opposée, l'air y est pur & le ciel découvert ; mais alors les vents y sont si terribles, qu'aucun vaisseau n'ose s'y hasarder (*a*).

La relation du voyage du chef d'Escadre Biron que l'on vient de publier, nous donne plus de connoissance sur l'état de l'air dans le détroit de Magellan & les terres qui le bordent au sud & au nord.

(*a*) *Voyez* la relation publiée dans le Journal de Trevoux, *Février*, 1740.

Elle nous apprend que l'on éprouve les mêmes altérations dans l'air en navigeant vers le pole auftral, qu'en allant au pole arctique, jufqu'à ce que l'on ne parvienne entre le cinquantième & le foixantième degré de latitude fud au-delà du Cap de Horn ; alors les vents d'oueft règnent en général dans l'Océan méridional, & ils font fi forts & fi impétueux depuis le mois d'Avril jufqu'au mois de Septembre, qu'il n'eft pas poffible de doubler le cap ; auffi les vaiffeaux ne hafardent jamais ce paffage que dans la faifon favorable. Ces parages font infeftés d'ifles de glace mobiles, qui endommagent beaucoup les vaiffeaux ; on les trouve au-delà du Cap-Horn, & même plus près encore de l'équateur. A en juger par leur épaiffeur & leur dureté, elles doivent avoir été formées par un froid auffi fort que celui des terres arctiques & même plus violent ; parce que les mers étant très-étendues de ce côté, & le peu de ter-

res

res que l'on y trouve étant fort baffes & incultes, les rayons du foleil
n'y éprouvent aucune réflexion qui
puiffe augmenter leur ardeur ; ce
qui fait que dans les mois de Janvier & de Février, temps où la
chaleur doit être la plus vive, les
glaces & les neiges ne s'y fondent
point.

Ces glaces ont différentes figures, les unes font pyramidales &
fe terminent en pointe, les autres
ont leur fommet applati, & il en
découle quelquefois un courant
d'eau : fi l'on fe trouve au-deffous
du vent, on fent leur proximité
par le froid exceffif qui en vient,
& qui diminue à mefure qu'on
s'en éloigne. On a obfervé que ces
glaces avoient trois fois autant d'é-
paiffeur au-deffous de l'eau qu'elles
ont de hauteur au-deffus de fa furface, & cette hauteur a été éva-
luée par des calculs modérés, de
cinquante à foixante braffes. Elles
changent de direction au gré du
vent ; plus le temps eft froid, plus

elles augmentent de volume & de hauteur, & on les voit diminuer à mesure que l'on avance vers des climats plus chauds. Ces phénomènes d'un froid excessif, sont à peu près les mêmes au deux poles: si on en connoît moins les détails au pole austral, c'est que les mers y étant fort ouvertes & les vents toujours d'une violence extrême, ceux qui en sont revenus après une navigation pénible & dangereuse, ainsi que le vaisseau Espagnol, que rencontra M. Biron, à Rio Janeiro, où il étoit occupé à réparer les dommages que lui avoient causés les glaces & les vents, ne s'y sont pas engagés bien loin. Les autres après avoir été long-temps le jouet des vents & des tempêtes, ont fini par faire naufrage, ou ont été dans un état d'agitation qui ne leur a pas permis de faire des observations bien justes sur une mer aussi orageuse; ajoutons encore que dans ces mers, où l'air est toujours chargé de brumes épaisses,

où l'on éprouve de fréquens coups
de vents, il eſt aiſé de prendre
des brouillards, des nuages, ou
tout autre amas de vapeurs, pour
des terres ou des iſles, & l'obſerva-
teur le plus exact peut s'y tromper.

Des marins fatigués par les
obſtacles & les peines qu'ils ont
trouvés dans leurs entrepriſes, ſouvent à l'inſtant d'un naufrage qu'ils
croient inévitable, imaginent voir
la terre qu'ils deſirent, où il n'y
a qu'un brouillard épais & une
vaſte étendue d'eau ; ce ſont des
fantômes qui prennent de la réalité dans une tête ſaiſie par la
frayeur. On eſt ferme & déterminé tant que l'eſpérance ſe ſoutient & que l'on peut lutter avec
quelques ſuccès contre la tempête
& les orages ; mais quand l'art, le
courage & toutes les reſſources humaines deviennent inutiles contre
la fureur incertaine des élémens,
& leurs coups variés, on trouve
rarement des cœurs inacceſſibles à
la crainte. Que les plus habiles

navigateurs ne s'étonnent donc pas de ne pas retrouver des isles & des terres prétendues nouvellement découvertes , & marquées sur les cartes comme reconnues & existantes , sous une latitude déterminée.

Le peu de terres que l'on a reconnues de ce côté du globe, se présente sousun aspect si peu attrayant, qu'il n'y a que la nécessité seule qui oblige d'y aborder ; nous avons déja dit quelque chose de la terre de Feu ; celle des Etats paroît encore plus horrible. Elle n'offre aux yeux qu'une suite de rochers inaccessibles , & pas un seul quartier de terre qui puisse rien produire. Ces rochers sont hérissés de pointes aigues, d'une hauteur prodigieuse , toujours couverts de neige , dont plusieurs paroissent suspendus d'une manière étonnante & environnés de précipices. Les rocs qui servent de bases ne semblent séparés les uns des autres que par des crevasses , que l'on diroit

avoir été formées par des tremblemens de terre, car leurs côtés
sont à peu près perpendiculaires,
& elles paroissent pénétrer dans la
substance des rochers, jusqu'à leurs
racines; enfin on ne peut rien imaginer de plus triste & de plus sauvage que l'aspect de ces terres (*a*).

Ces observations & la température dominante dans le détroit de
Magellan, dont les parties les plus
méridionales ne s'étendent pas au-
delà du cinquante-troisième degré
de latitude, nous apprennent que
le froid doit être beaucoup plus
vif au pole austral, qu'au pole arctique. Le chef d'Escadre Biron, y
a trouvé des glaces en plusieurs
endroits & beaucoup de neige, lorsque l'été devoit y être dans toute
sa force, aux mois de Décembre
& de Janvier : un terrain presque
par-tout dépouillé, qui n'offre à la
vue que des rochers & du sable ;

____

(*a*) Voyages d'Anson, *l.* 1 , *ch.* 7.

O iij

des montagnes inabordables & stériles, sans arbres & sans verdure; excepté quelques endroits plus favorisés sur la côte septentrionale de la terre de Feu, où l'on trouve par les cinquante-trois degrés, des sapins le long du rivage, & des ruisseaux d'eau douce, qui descendent des montagnes; mais dont il est difficile d'approcher tant à cause des rochers qui bordent la côte, que des glaces qui ne se fondent que rarement & par quelque mouvement extraordinaire de la mer, plutôt que par la chaleur de l'air. En général les variations des vents, la fréquence des pluies & des grêles, même dans la saison la plus favorable, & la continuité du froid, rendent la navigation dans ce détroit, longue, difficile & dangereuse; les vents, soit directs, soit de réflexion, y forment des courans par lesquels on est entraîné & souvent en péril d'être brisé sur les rochers, & ce n'est qu'à force de travaux que l'on parvient à la

fortie du détroit, dans la grande
mer du fud, où l'on trouve une
température plus douce & des vents
plus modérés. M. Biron nous a appris que ce détroit n'a pas plus de
cent-feize lieues de longueur du
Cap des Vierges au Cap d'Efféada,
fur la côte du fud : & cependant
il y fut retenu depuis le 21 Décembre 1764, jufqu'au 9 Avril
fuivant ; pendant le mois de Mars,
il y eut des pluies continuelles,
un temps froid & mal-fain, &
de violens coups de vent de nord-
oueft. C'étoit alors le temps de
l'équinoxe d'automne de ce pays,
après lequel la température doit
être beaucoup plus défagréable encore, & les ouragans plus dangereux ; ainfi on éprouve les mêmes
changemens & les mêmes altérations dans l'air en navigant vers
le pole auftral, qu'en allant vers le
nord. Les navigateurs qui hafardent de doubler le Cap-Horn, ne
doivent tenter ce paffage que dans
les mois de Décembre & de Jan-

vier, pour ne pas s'expofer aux mers fituées au fud, après le mois de Mars ; parce que plus tard, le froid exceffif & les jours courts ne permettroient pas de faire route au fud, auffi avant qu'on dit qu'il eft néceffaire, pour porter enfuite fûrement le cap à l'oueft & entrer dans la grande mer pacifique, entre les foixante & foixante-dix degrés de latitude : alors les vents d'occident font affez réglés dans l'Océan méridional ; mais ils y font fi forts & fi impétueux dans les mois d'Avril, Mai, Juin, Juillet, Août & Septembre, qu'il n'eft pas poffible alors de tenir les mers au-delà du Cap-Horn, où les tempêtes font continuelles, & l'air toujours embrumé. On peut donc conjecturer de tout ce que l'on connoît de ce pays, que jamais les Européens n'y feront des établiffemens utiles ; non qu'il y eût des intempéries à craindre & que l'air y fût mal-fain : mais le fol y eft fi fec & fi dur, qu'il feroit très-difficile

de le fertiliser. Ce que l'on y a vé-
rifié de plus important, par rapport à l'Histoire Naturelle, c'est
l'existence des Patagons; race d'hommes peu nombreuse, d'une taille de
géants, dont la hauteur ordinaire
doit être de neuf pieds de roi; as-
semblée en corps de nation à l'extrémité de l'Amérique méridionale, séparée de tous les autres peuples, qui a ses coutumes & ses usages à part, & dont la force est proportionnée à sa grandeur.

Plusieurs voyageurs avoient reconnu les Patagons à différentes fois;
mais comme un plus grand nombre encore de navigateurs avoit
abordé sur ces côtes de l'Amérique,
sans y trouver aucun habitant, on
la croyoit déserte, & on regardoit
les récits que l'on faisoit sur ces
géants, comme des fictions de gens
qui viennent de loin & qui veulent intéresser par le merveilleux.
L'inspection du pays qui est sec
& aride, sans culture, sans arbres,
sans eaux, sans habitations, les

montagnes pelées & stériles, dont
il est hérissé, le froid qui y domine presque toujours, & les neiges dont il est couvert la plus grande
partie de l'année, ne permettoient
pas de croire qu'un pays si pauvre
en apparence, fût habité par la race
des plus grands hommes de l'uni-
nivers. Il a fallu le témoignage
positif de toute l'escadre de M. Biron, qui a vu ce peuple assemblé,
hommes, femmes & enfans, pour
rendre croyable tout ce que l'on
avoit observé à ce sujet depuis près
de deux cens-cinquante ans. Car
Pigafetta qui avoit accompagné
Magellan en 1519, avoit vu des
géants à quarante-neuf degrés &
demi de latitude sud, à la baie
de Saint-Julien, après avoir été
deux mois sans appercevoir aucun
habitant. » Il y avoit, dit-il, alors
» beaucoup de neige, & le vent
» étoit haut & froid, c'étoit sans
» doute la saison d'hiver; ces peu-
» ples n'avoient point d'habitations
» fixes, ils faisoient des cabanes de

» peau, qu'ils tranſportoient à leur
» gré, d'un lieu à un autre. Ils vi-
» voient de chair crue & d'une
» racine nommée en leur langue,
» *Capas* «. Les nouvelles découvertes prouvent combien cette première relation étoit juſte. On lit
dans le voyage de l'Amiral Van-
Noort, fait en 1598, que cinq
hommes de ſon équipage étant
deſcendus ſur la côte des Patagons,
furent attaqués par une trentaine
de ſauvages, d'une taille extraordinaire, ayant la peau tannée, de
longs cheveux & le viſage peint.
Un jeune Indien, que cet Amiral
prit dans le détroit de Magellan,
& qui apprit enſuite le Hollandois,
raconta que le pays étoit habité par
quatre nations, dont trois d'une
taille ordinaire, & une quatrième
compoſée d'hommes de dix à onze
pieds.

M. Frézier qui a fait le voyage
de la mer du ſud en 1712, rapporte que la côte de l'oueſt de l'A-
mérique méridionale, entre le dé-

troit de Magellan & l'isle de Chiloé, est habitée par des Indiens nommés Chonos, & que plus avant dans les terres, il y a une autre nation d'Indiens géants qui ont neuf à dix pieds de haut, que ce sont les Patagons que l'on voit sur la côte de l'est de la terre déserte.

Des observations plus récentes avoient appris que l'on avoit vu plusieurs de ces géants ensemble, un entr'auttes qui portoit quelques marques de distinction & qui paroissoit être un des chefs de la nation ; que ces hommes, quoique plus grands & plus forts, étoient plus sensibles au froid que les autres petits Indiens du même climat, qui n'ont pour tout vêtement qu'une simple peau sur les épaules, tandis que ceux-ci sont très-fourrés en hiver ; que la nation étoit peu nombreuse & montoit au plus à mille personnes ; qu'ils alloient ordinairement à cheval, mais que quand ils vouloient exercer leur force naturelle, ils couroient

avec plus de légèreté, que ne le peut
le cheval le plus vif, & qu'aussi ils
prenoient les bêtes fauves à la cour-
se. On les a vus dans d'autres circonstances arracher aisément de gros
arbres, pour se retrancher contre
des Européens qui vouloient les
attaquer, & lancer de fort loin sur
les vaisseaux des pierres d'un poids
énorme, sans qu'il parût que l'é-
tonnement que leur avoit causé le
premier bruit de la mousqueterie
leur inspirât beaucoup de frayeur,
car ils ne fuyoient pas. Ils mangent du cheval quand les autres
provisions leur manquent, ils ne
boivent jamais que de l'eau, tout
est commun entr'eux, & ils vivent
en bonne intelligence. S'il leur
naît un enfant qui ne soit pas de
leur taille ordinaire, ils le vendent
à leurs voisins qui commercent avec
les Espagnols pour en faire un es-
clave : c'est sans doute cette attention qui les maintient dans la
distinction singulière dont ils jouissent d'être les plus grands hommes

de la terre. En général ils font très-
forts, attachés à leurs ufages, fimples, & fi jaloux de leur liberté,
qu'il y a apparence qu'on les dé-
truiroit plutôt, que de les affujet-
tir à aucune forte de domination
étrangère. M. Biron & une partie des officiers & de l'équipage
de fes vaiffeaux qui defcendirent
à terre pour les obferver, en virent
plus de cinq cens raffemblés, tant
hommes que femmes & enfans :
les femmes paroiffent avoir environ huit pieds de hauteur, & les
hommes neuf ordinairement & au-
delà, bien faits, quarrés, nerveux,
avec tout l'extérieur d'une force
prodigieufe. Les deux fexes font
de couleur de cuivre, ils portent
de longs cheveux & font vêtus de
peaux. Ils n'ont aucun agrément
dans la phyfionomie ; la grandeur
de leurs traits proportionnés à celle
de leur taille, même dans les enfans, leur tein & la vie qu'ils mè-
nent, étant prefque toujours expofés à un air fec & très-vif, ne

doivent leur laiſſer aucun trait de beauté : pluſieurs d'entr'eux, tant hommes que femmes, étoient montés ſur des chevaux de taille ordinaire : ils avoient auſſi avec eux quelques chiens, dont le muſeau étoit pointu comme celui du renard, & gros comme des chiens d'arrêt de taille moyenne. Ces peuples changent de climat à meſure que les ſaiſons varient ; ce qui a fait que pluſieurs navigateurs ayant trouvé cette côte déſerte ſans aucune trace d'habitation, ont révoqué leur exiſtence en doute.

J'ai raſſemblé ſous un même point de vue, tout ce que l'on ſçait de plus précis ſur les Patagons, parce qu'il me ſemble qu'à la taille près & à la force qui en eſt la ſuite, leur manière de vivre a beaucoup de rapport avec celle des Tartares. La température dans laquelle vivent les uns & les autres, doit être à peu près la même ; le ſol s'y préſente ſous le même aſpect. » D'a-
» près les obſervations que nous

» fîmes du haut de la grande hu-
» ne, dit l'Auteur du voyage de
» M. Biron, quand nous fûmes à
» trois ou quatre milles de diſtan-
» ce, & en examimant la fumée
» qui s'élevoit de différens endroits,
» nous jugeâmes que les Patagons
» n'avoient point d'habitations
» pour ſe garantir des intempé-
» ries de l'air, auxquelles ils doi-
» vent reſter continuellement ex-
» poſés ſans avoir même un arbre
» de médiocre grandeur pour ſe
» mettre à couvert. Le terrain de
» cette côte eſt en général ſablon-
» neux, & les montagnes ſont très-
» hautes & coupées par des vallons
» qui vraiſemblablement ſont ſté-
» riles, car nous n'y apperçûmes
» ni eau, ni arbres, mais ſeule-
» ment quelques buiſſons «. Remarques d'autant plus juſtes que
l'on ſçait que toute cette partie
orientale de l'Amérique qui eſt au
ſud de la rivière de la Plata & qui
s'étend juſqu'au détroit de Magellan, n'a d'autres arbres que quel-

ques péchers que les Espagnols ont
plantés & fort multipliés dans le
voisinage de Buenos-Ayrés; tandis
que toutes les terres & les montagnes qui sont au nord & à l'ouest
de cette rivière, sont couvertes de
grands arbres & de bois de haute
futaie. On ne peut attribuer cette
différence qu'à la qualité du sol,
qui se présente le long de la côte
de l'est, comme un amas de dunes
d'un terrain sec, léger & grave-
leux, entremêlé de grands espaces
stériles & de pâturages d'une herbe
forte & longue, qui servent à nourrir une quantité prodigieuse de gros
bétail & de chevaux qui passent
pour bons, quoiqu'ils soient petits
& laids. L'eau douce & bonne, y
est fort rare, le peu de sources que
l'on y trouve & les mares ne fournissent qu'une eau imprégnée de
sel & de nitre, désagréable à boire. On verra dans la suite combien
la plupart des terres hautes qu'habitent les Tartares, ont de ressemblance avec cette extrémité de l'A-

mérique méridionale. Ce que l'on connoît des Patagons porte donc à croire que c'est une nation peu nombreuse qui a des chefs, & dont les usages tiennent le milieu entre les peuples barbares & les sauvages ; ayant des chevaux qu'ils nourrissent & dont ils mangent comme les Tartares, & chassant les bêtes fauves comme les sauvages. Ces rapports entre deux peuples si éloignés, vivans les uns à l'extrémité orientale du globe, les autres à l'extrémité méridionale dans deux hémisphères différens, mais dans des climats dont la température est à peu près la même, m'ont paru dignes d'être remarqués.

Ce que l'on sçait d'ailleurs des terres Australes est si confus & se réduit à si peu de choses, que l'on ne peut rien dire de précis sur l'état & le nombre de leurs habitans. Les feux que l'on a vus dans la terre qui en porte le nom, prouvent qu'elle est habitée, & qu'il y fait très-froid ; mais n'étoient-ils pas

l'effet de quelques volcans enflam-
més, lorsqu'on a découvert ce pays
& qu'on lui a donné le nom de
terre de Feu ? les meilleures cartes
marquent un volcan qui s'ouvrit en
1712 à son extrémité méridionale,
en tirant à l'ouest. Wafer nous
apprend que cette grande isle dont
on connoît cent trente lieues de
côte, renferme au milieu de ses
glaces, des vallées & des prairies
agréables, & quelques sauvages
que l'on dit féroces, même antro-
pophages : il paroît qu'il n'avoit vu
cette terre qu'en passant.

D'autres navigateurs qui les
ont mieux observées, s'accordent
à dire que l'humidité & les brumes y sont très-fortes, ainsi que
dans toutes les terres Australes. Beauchesne Gouyin qui y
alla en 1699, nous assure au
contraire que la terre de Feu est
un pays misérable dont les habitans doux & humains vont par
bande de quarante à cinquante,
tous également pauvres & malheu-

reux., n'ayant pour habillement qu'une tunique des mêmes peaux de bêtes fauvages, dont ils couvrent leurs cabanes & qu'ils tranfpor-tent fans doute d'un lieu à un au-tre, ainfi que font tous les peuples errans. Le climat & la navigation varient beaucoup dans ces détroits, les raffales y font violentes, & les bons mouillages fort rares. Quel-ques cantons fourniffent affez de bois pour qu'il fût poffible d'y faire des établiffemens & d'y trou-ver des terres fufceptibles de cul-ture ; mais l'air y feroit peu fain à caufe des pluies & des brouil-lards qui defcendent continuelle-ment des montagnes fur les plai-nes & qui les rendent très-humi-des : les brumes y font fi noires & fi épaiffes, que fouvent elles obfcur-ciffent l'air au point que l'on voit à peine pour fe conduire ; quoique ces terres ne s'étendent gueres au-delà du cinquante-quatrième degré de latitude auftrale. Que l'on juge par-là de la température qui règne dans les terres plus voisines du pole (a).

Cependant si on continue à parcourir ces mers, on peut espérer que les hasards de la navigation enrichiront l'histoire naturelle de l'homme, de nouvelles espèces dont on ne soupçonnoit pas l'existence. Les journaux Anglois viennent de nous apprendre (1768) que le capitaine Vallace qui fut envoyé en 1766 dans la mer du sud, pour continuer les découvertes du chef d'Escadre Biron, a dit à son retour, avoir trouvé sur une terre que l'on croit tenir au continent austral, des femmes de quatre à cinq pieds de haut, aussi larges que longues & marchant sans peine ; les hommes de cette nation sont un peu plus grands & moins larges : les uns & les autres n'ont ni poils, ni cheveux, ni laines. Voilà

______

(a) Histoire générale des Voyages, *tom.* II, *in-4°.*

une espèce extraordinaire & tout-
à-fait nouvelle ; quand on la connoîtra mieux , on cherchera sans
doute les causes de sa conformation singulière.

S'il est vrai que les eaux de la
mer ne gèlent jamais, il faut qu'il
y ait une grande étendue de terre
& des rivières fort considérables ,
d'où descendent ces glaces énormes dont les mers australes sont
remplies , & auxquelles on n'imagine aucun moyen de parvenir.
Les mers sont également imprati-
cables de ce côté, au-delà du cinquante-quatrième degré de latitude , de quelque part qu'on les abor-
de ; par l'un ou par l'autre hémisphère : les vents y sont terribles
& les tempêtes continuelles. Au-
delà du Cap de Bonne-Espérance,
à la même latitude à peu près que
la terre de Feu , on croit avoir découvert une pointe de terre à laquelle on a donné le nom de Cap
de la Circoncision ; mais on doute
de sa réalité, on ne l'a vue qu'une

fois. Ce qui fait croire qu'il eſt
comme impoſſible d'y arriver, c'eſt
l'obſtacle continuel que l'on y trouve de la part des courans d'air qui
repouſſent toujours du midi au
nord ; le poids de l'air condenſé
dans ces régions, que l'on ne peut
ſuppoſer qu'extrêmement froides
& humides, eſt ſi fort, qu'il détermine conſtamment la direction des
vents impétueux qui en éloignent;
dans les parages qui en ſont voi-
ſins, ces vents ſont de tourbillon ,
& les vaiſſeaux qu'ils enveloppent
y périſſent , à moins que par un
événement heureux , ſur lequel on
ne doit pas compter, ils ne réſiſtent
à la violence des flots qui les bat-
tent de toutes parts , & n'échappent à l'endroit même où le vent
quitte le mouvement de tourbillon
pour prendre un cours direct. Peut-
être que par la Nouvelle-Hollande ,
la terre de Diémen , & les autres
iſles ou terres que l'on a apperçues
au ſud des iſles Molucques , on
pourroit établir quelque commu-

nication avec les terres Auſtrales, & pénétrer dans le continent, mais les avantages que l'on pourroit en eſpérer, méritent-ils que l'on s'expoſe à tant de dangers inévitables ?

S'il venoit à ſe former de nouvelles puiſſances maritimes, qui cherchaſſent dans les Indes occidentales des établiſſemens utiles, peut-être feroient-elles tentées de porter leurs entrepriſes de ce côté du globe encore inconnu. On peut conſulter les mémoires qui ont été lus à ce ſujet en 1755, à l'académie de Berlin, où M. le comte de Redern propoſe aux navigateurs Pruſſiens, de chercher dans les mers auſtrales les continens immenſes qui doivent s'étendre de la terre de Diémen & du Cap de la Circoncifion, juſques ſous le cercle polaire auſtral. Il fonde ſes conjectures ſur les tentatives faites en 1738, par les deux vaiſſeaux de la compagnie des Indes de France, dont j'ai parlé, & qu'il ſuppoſe

avoir

avoir eu des vues sur ces terres, & sur le voyage que fit en 1595 le marquis de Mendagna, avec quatre vaisseaux munis de tout ce qui étoit nécessaire à l'établissement d'une colonie nouvelle, dont trois périrent avec le chef, & le quatrième servit à ramener les restes infortunés de ces malheureux conquérans. Cependant Fernand Quiros, premier pilote de cette petite flotte, avoit si bonne idée des découvertes que l'on pouvoit faire de ce côté, qu'il obtint du vice-roi du Pérou deux vaisseaux, avec lesquels il partit du port de Callao en 1604, pour aller à ces nouvelles terres, qui s'étendent au sud des isles de Salomon, sous le tropique du capricorne & au-delà, où il arriva effectivement & dont il reconnut quatre-vingt-dix lieues de côtes.

Dans la requête que ce pilote entreprenant, présenta au roi d'Espagne Philippe III, pour être employé en chef dans les établisse-

mens qu'il propofoit de faire dans
ce continent, auquel il donnoit le
nom de terre auftrale du Saint-Ef-
prit; il dit que comme les pays
découverts jufqu'alors fous les quinze degrés de latitude, furpaffent
l'Efpagne en fertilité; celui-ci à
cette hauteur, eft un vrai paradis
terreftre. Il eft élevé, entremêlé de
montagnes & de plaines; peuplé
d'habitans blancs, noirs & jaunes,
dont les uns ont des cheveux longs
& noirs, d'autres jaunes & lui-
fans, frifés ou en touffe. Ils ignorent l'art de bâtir des villes, leurs
habitations font de fimples caba-
nés faites de branches d'arbres. Ils
vivent fans loix & fans magiftrats,
fous l'autorité des pères de famille; leurs armes font des piques de
bois dur, des arcs & des flèches
qu'ils n'empoifonnent pas comme
plufieurs autres Indiens. Ils fe fervent de canots pour la pêche, font
habillés depuis le nombril jufqu'à
mi-jambe. Ils vivent long-temps,
font bien faits, vifs & agiles, gais,

doux & fort humains. Ils ont toutes sortes de poteries , des cou-
teaux, des scies, & d'autres instrumens tranchans, faits de nacre de
perle. Le sol en est noir, gras &
extrêmement fertile , il produit
toutes sortes de fruits, des raisins,
des citrons , des oranges, des cannes à sucre, des cocos, & d'autres
fruits particuliers à ce pays : des
légumes de toute espèce; des racines dont on fait un pain bon à
manger & agréable au goût ; des
plantes qui peuvent être employées
aux mêmes usages que le lin & le
chanvre , des forêts d'arbres qui
fourniroient en abondance des bois
de construction ; de la volaille &
des animaux domestiques ; des rivières très-poissonneuses ; un air
sain & continuellement rafraîchi par
les vents d'est , & les productions
les plus précieuses. Le capitaine de
Fernand Quiros qui pénétra dans
ce continent, en rapporta beaucoup
d'or , lui même vit du minérai
d'argent, des diamans & d'autres

pierres précieuses : les huîtres per-
lières sont communes sur les côtes.
On trouveroit encore dans ce pays
de la soie, des noix muscades, du
poivre, du gingembre. Il présume
qu'il doit porter aussi de la canelle
& du gérofle : enfin ce doit être
la terre du monde la plus riche,
peut-être une cinquième partie, aussi
considérable qu'une des quatre autres, où le seul embarras est de
pénétrer à travers les vents & les
tempêtes si fréquentes sur ces mers:
il ne faut qu'y arriver, la côte est saine & sûre. Le port où les Espagnols
abordèrent, peut contenir plus de
mille vaisseaux. A peu de distance
de la terre, ils reconnurent sept isles
assez grandes, qui s'étendent sur
une ligne de cent lieues, dont une
de cinquante au moins de tour, est
vis-à-vis du port. Peut-être sont-ce
ces terres si peu connues que les
Anglois cherchent actuellement &
auxquelles on ne peut arriver que
par la mer du sud, après avoir cou-
ru les risques des tempêtes si fré-

quentes dans les parages qui y conduifent, dont la route deviendroit
peut-être plus facile, fi elle étoit
déterminée. Il paroît que l'on n'y
peut arriver qu'en tenant l'eft de
cet archipel peu connu, qui eft entre la ligne & le tropique du capricorne, par le travers de la côte
du Pérou & des ifles de Salomon.
Si ces terres ne forment qu'un feul
continent, il doit s'étendre dans
les deux hémifphères & occuper un
très-grand efpace. A s'en rapporter
à l'expofé de Fernand Quiros, il
eft plus heureufement fitué que
tout ce que l'on connoît de terres
habitées : la race des hommes y eft
belle, ce ne font pas des fauvages;
leur fociété eft dans la fimplicité pri-
mitive & originelle du monde. Ils
ont quelque induftrie groffière,
mais qui fuffit à leurs befoins &
fans doute à leurs plaifirs, car ils
ont des tambours, des flûtes &
quelques autres inftrumens de mu-
fique, ce qui fuppofe un peuple
qui vit raffemblé, qui a des inté-

rêts communs & des fêtes nationa-
les ; ce que l'on n'a pas encore remarqué dans les nations que l'on
regarde comme ſauvages. On pourroit conjecturer par quelques traits
de reſſemblance de quel peuple
plus ancien ils tirent leur origine:
la connoiſſance du climat appren-
droit quel eſt ſon effet relativement aux mœurs & au ton de la
ſociété. Enfin ce pays découvert,
porteroit de grandes lumières ſur
l'hiſtoire naturelle & morale de
l'homme & ſur celle du monde ;
ſans doute il occaſionneroit de
grands changemens dans les ſyſtê-
mes généraux les plus accrédi-
tés (a).

Il n'eſt pas douteux que ſi l'on
porte encore plus loin l'art de la
navigation, ſi l'on parvient à connoître l'étendue & la conformation
des terres antarctiques, les chaînes

(a) *Voyez* le choix des Mémoires de
l'Académie, *Berlin*, *in*-12, *tom*. I. 1761.

de montagnes & les fleuves qu'elles peuvent contenir, on n'ait enfin un fyftême phyfique de la terre, plus complet que tous ceux qu'on a formé jufqu'à préfent.

Ces terres que l'on n'a fait qu'appercevoir, répondent aux anciens continens par divers points ; à l'extrémité de l'Amérique méridionale par la terre & le port de Drack ; à la pointe de l'Afrique par le Cap de la Circoncifion, à la Nouvelle-Zemble, par le continent auftral ou la Nouvelle-Hollande. Cette dernière région connue par la navigation de Tafman, Hollandois, en 1642, étant fort élevée, peut être confidérée comme la tête des chaînes des montagnes antarctiques qui fe joignent à la Cordilière par la terre de Feu & celle des Etats, & qui doivent être comme elles près des côtes de la grande mer.

On peut remarquer à ce fujet que les grandes chaînes de montagnes font de deux fortes : les unes allant prefque d'un pole à l'autre, divisent les continens en deux longues pentes; par-là le globe paroît naturellement partagé en trois parties, au milieu de chacune desquelles est une grande mer, vers laquelle les terrains sont inclinés, depuis le plus haut point d'élévation des terres & des montagnes; les montagnes de la seconde espèce traversent le globe d'orient en occident & forment quatre grands cercles parallèles : ces montagnes ou terres élevées s'étendent par le lit de la mer comme à la surface des terres. Un de ces cercles doit s'étendre sous l'équateur, & causer une espèce d'élévation qui rend le passage de l'espace de mer qui le couvre, si difficile aux navigateurs, dont on rapporte la cause à la cessation des vents dans ces parages, ou à leur incertitude.

Jean de Léry, un de nos premiers navigateurs, fait une remarque singulière sur ce qu'il éprouva en passant la ligne, au-dessus de cette chaîne marine de l'Océan, qui

va du Cap-Tagrin de Guinée à celui de Saint-Augustin du Brésil par l'isle de Noronha. Il dit au chapitre vingt-deuxième de son voyage » qu'on est empêché en pas-
» sant l'équateur, soit en allant,
» soit en revenant, mais qu'un
» degré d'éloignement après la dif-
» ficulté, les navires coulent com-
» me en bas, ayant, par manière
» de dire, franchi le saut. Il con-
» sidère cet endroit de la mer, com-
» me le dos & l'échine du monde,
» à quoi il ajoute que la peine qu'on
» a de monter à cette espèce de
» sommité, vient aussi des courans
» qu'on n'apperçoit pas au milieu
» d'un tel abyme d'eau, & des
» vents qui sortant, dit-il, de cet
» endroit comme de leur centre,
» soufflent oppositivement l'un à
» l'autre.. «. Ce saut dont parle Léry, doit être considéré comme une digue, où les eaux de la mer montant de deux côtés, causent une espèce de gonflement.

De-là, la mer va en s'abaissant

jusqu'à une distance que les observations suivantes détermineront.
Différens navigateurs ont rencontré de grandes isles flottantes de
glaces, vers le cinquante-deuxième
degré de latitude ; Scharp & Da-
vis, au trois centième degré de
longitude ; Halley vers le trois cent
quarante-cinquième ; Lozier-Bou-
vet, depuis le septième degré jusqu'au cinquante-troisième, dans la
saison la plus chaude de cette latitude, lorsque le soleil étoit au
tropique du capricorne ; temps auquel on ne devoit pas s'attendre
de trouver dans des mers si peu
avancées au pole, des glaces énormes. Les descriptions que l'on en
a données se rapportent toutes :
quelques-unes ont trois cens pieds
de haut, & jusqu'à deux ou trois
lieues de tour, elles s'arrêtent à
peu près à la même latitude qu'elles
passent rarement, & elles doivent
venir d'une mer intérieure plus voisine du pole, où les glaçons s'a-
massent, se grossissent prodigieuse-

ment & s'attachent les uns aux autres.

Abel Tasman a remarqué que le terrain de la Nouvelle-Hollande étoit fort élevé ; il peut y avoir dans ce pays peu connu de hautes montagnes d'où coulent de grands fleuves vers le pole antarctique & la mer glaciale que l'on y doit placer. Les glaces considérables que l'on trouve dans une si grande étendue de mers, ne peuvent venir que de fleuves ainsi disposés, qui aient un cours fort long de quatre cens lieues au moins, comme ceux de Sibérie ou de l'Amérique septentrionale ; car on peut raisonner de ces terres inconnues par celles que l'on connoît, & dans la vaste étendue desquelles ces fleuves trouvent un bassin dans lequel ils courent.

Les glaces antarctiques donnent lieu à une nouvelle considération sur la structure de cette partie du globe ; elles doivent faire supposer un débouquement à la mer glaciale, que l'on placera vis-à-vis la pointe de l'Afrique. Celles qui ont été trouvées à plus de cent degrés de longitude, semblent aussi déterminer un second débouquement dans la mer du sud. Le vaisseau Espagnol le Lion, vit en 1756, à l'est de la terre de Feu, les isles Papous. Il y trouva les glaces cinq ou six degrés plus à l'ouest que M. Halley ; il étoit parti de Valparaiso, dans le Chili, pour revenir en Europe par le Cap-Horn, & remarqua que ces glaces venoient devant lui : elles devoient donc sortir du débouquement voisin du Cap de la Circoncision. Ainsi il en feroit de cette mer comme de la mer glaciale arctique, qui a aussi deux débouquemens, l'un vers l'Islande & l'autre au détroit du nord nouvellement découvert par les Russes. On voit quelques-unes de ces glaces du nord, mais moins considérables, portées souvent jusques vers le banc de Terre-Neuve & près de Louisbourg, à une latitude égale à celle où on les trouve vers le pole auſtral ; elles y coulent en grande partie par le détroit de Hudſon.

La groſſeur des glaces antarctiques, ſemble encore indiquer que les fleuves qui ſortent de ces terres ſont très-grands, & que de ce côté du globe il y a moins d'iſles & de caps avancés où les glaces puiſſent s'attacher, puiſqu'elles ſont portées ordinairement à une ſi grande diſtance des lieux où elles ſe ſont formées.

Ces conſidérations nous portent à croire que le climat du baſſin terreſtre du pole antarctique eſt plus froid que celui de notre hémiſphère, parce que les terres y ſont environnées de grandes mers, dont l'évaporation doit être plus conſidérable que vers le pole ſeptentrional, qui répand dans l'atmoſphère une plus grande quantité de matières glaciales dont les nuages ſe chargent, & occaſionnent des frimats qui conſervent plus long-

temps les glaces vers cette région.
Aussi M. Bouvet a-t-il trouvé dans
ce pays au temps du solstice d'été,
des brouillards considérables, & si
épais, qu'à peine pouvoit-il appercevoir dans de certains temps, à
une très-petite distance le vaisseau
qui l'accompagnoit ; ce qui ne se
voit pas communément dans les parages de l'Océan, vers le cinquantième degré de latitude de notre
hémisphère.

Il doit cependant y avoir dans
les terres antarctiques d'assez bons
pays ; ce qui donne lieu de la conjecturer, ce sont diverses particula-
rités dont la mémoire s'est conser-
vée. 1°. La relation de Fernand
Quiros dont nous avons parlé avec
quelque détail. 2°. A l'est de la
terre de la Circoncision vue par
Bouvet le premier Janvier 1739,
mais où il ne put aborder ; les cartes faites après les premières navi-
gations des modernes dès 1570,
marquoient, que les Portugais
avoient vu une longue côte pen-

dant deux cens milles, où il y avoit une quantité prodigieuse de perroquets dont ils lui donnèrent le nom ; ce qui est une preuve de la chaleur & de la bonne température de cette région, puisque ces oiseaux ne se trouvent de notre côté en abondance, que dans les pays chauds, tels que les Indes méridionales. 3°. Au sud-est du Cap de Bonne-Espérance à la suite de la terre des Perroquets, est un pays fertile & peuplé, où le capitaine Gonneville aborda en 1503 & où il demeura près de six mois. Les habitans en sont affables, & vivent de pêche & de chasse, ainsi que de légumes & de racines qu'ils cultivent : ils portent des manteaux & de longs tabliers de peau, de nattes déliées & de plumasseries ; plusieurs des racines & des herbes de ce pays sont bonnes à teindre & à faire de belles couleurs : la plupart des cantons séparés les uns des autres, ont chacun leur roi, fort respecté de ses sujets, auxquels il rend bonne juſtice. Voilà ce que l'on ſçait de cette terre, la première que l'on ait découverte vers le pole antarctique, dont les productions, les animaux & les mœurs des habitans annoncent que la température eſt bonne & le climat fort doux.

Plus à l'eſt de la terre de Diémen, eſt la Nouvelle-Zélande découverte par Taſman Hollandois, en 1642; ce pays eſt fort élevé & couvert de montagnes. Les habitans en ſont gros, grands, hardis, de couleur entre le brun & le jaune, ayant les cheveux liés au haut de la tête comme au Japon : ils portent des eſpèces de pagnes ou de tabliers de coton & de nattes; la terre lui parut bonne, fertile & bien cultivée.

Le cap ou terre de la Circonciſion vue par M. Bouvet & où il ne put aborder, lui parut très-élevée, & depuis on n'en a acquis aucune connoiſſance plus préciſe. On peut ſeulement conjecturer que toutes ces terres antarctiques font divisées en deux grands continens, baignés d'un côté par les trois grandes mers, de l'autre par une mer glaciale, où se jettent les plus grands fleuves qui y coulent, & d'où sortent les énormes glaces dont nous avons parlé. La moitié de ces régions doivent être dans la zone tempérée australe, & si la direction des montagnes est telle qu'on la suppose, les contrées les plus fertiles & les plus habitables font celles qui font voisines des trois grandes mers connues. Les habitans & les animaux ont pu y venir par le continent austral de la Nouvelle-Hollande; aussi, comme l'a remarqué Abel Tasman, trouve-t-on des rapports entre les habitans de la Nouvelle-Zélande & ceux de la Chine & du Japon. Ce fait bien constaté, sera une nouvelle preuve que tous les hommes ont une origine commune, & que les terres orientales de l'Asie, les premières peuplées, ont fourni des habitans au reste du globe (*a*).

§. X I V.

Etat de l'Air aux extrémités de l'Afrique, & dans quelques isles qui y répondent.

L A partie de notre hémisphère opposée à celle que nous venons de parcourir, quoiqu'elle s'étende également de l'équateur au sud, n'offre pas des phénomènes de froid aussi marqués ; elle est encore trop éloignée du pole austral. L'extrémité la plus connue de l'Afrique, le Cap de Bonne-Espérance, que l'on peut en regarder comme la partie la plus délicieuse, la plus saine & la plus agréable à habiter, ne

____

(*a*) *Voyez* les Mémoires de l'Académie des Sciences, *année* 1757 *, pag.* 190.

s'étend pas au-delà du trente-cinquième degré de latitude méridionale. En remontant du cap à la ligne, on trouve différentes régions situées entre l'équateur & les tropiques, dont on connoît mieux les côtes que l'intérieur. Nous sommes entrés à ce sujet dans quelques détails, lorsque nous avons parlé de l'état de l'air sous la zone torride dans les deux hémisphères ; nous avons vu qu'en général la température de l'Afrique tient plus du sec & du chaud que du froid & de l'humide ; que de vastes régions de cette partie du monde sont exposées à des intempéries si continuelles & si fortes, que leurs habitans vivent très-peu, & finissent tous leur carrière par un état de langueur & de maladies cruelles, dont l'habitude & leur grossièreté naturelle les empêche de sentir l'horreur. On présume par la quantité d'or que charrient dans leurs sables quelques fleuves de l'Afrique, que l'intérieur du pays, situé comme le

Pérou sous l'équateur, renferme dans ses montagnes des mines très-riches & les métaux les plus précieux, mais on ignore absolument si la température est la même.

Le Cap de Bonne-Espérance & les établissemens voisins, situés par les trente-quatre degrés de latitude sud, occupent environ trente lieues de la pointe méridionale de l'Afrique. L'atmosphère de ce pays continuellement agitée par les vents, qui y parurent si impétueux aux Anglois, qu'ils l'abandonnèrent pour l'isle de Sainte-Hélene, n'est jamais chargée de vapeurs assez abondantes pour y acquérir par leur séjour des qualités nuisibles ; & ce qui a dû contribuer à rendre l'air plus sain encore qu'il n'étoit anciennement, c'est le soin que l'on a pris de cultiver les terres. On peut dire que l'industrie des Hollandois en a fait un séjour admirable ; ils y vivent dans l'abondance & d'une manière qui fait honneur à l'humanité. Leurs magasins toujours bien fournis, suf-

fifent à rafraîchir tous les vaiffeaux
qui paffent de l'Europe aux Indes
orientales : ils font plus, ils reçoivent tous leurs malades dans un
fpacieux hôpital, où ils font traités
avec foin. Pour guérir la plupart
des maladies & fur-tout le fcorbut,
ils y ont formé un jardin magnifique, le plus utile peut-être & le
mieux fourni qu'il y ait fur la terre,
rempli d'excellens fruits de tous
les climats, de bons légumes & de
tous les fimples d'ufage dans la médecine ; ce qu'ils ont fait par une
attention foutenue dans une longue fuite d'années, en engageant
tous les navigateurs à leur communiquer les plantes & les graines propres à leurs pays & qui toutes ont très-bien réuffi ; il y a quantité de fources d'eau affez abondantes en tout temps pour que les
vaiffeaux puiffent s'en fournir : on
connoît le vin excellent que l'on
y recueille & que l'on regarde avec
raifon comme une liqueur auffi
faine qu'elle eft gracieufe. Ce fu-

rent les religionaires François qui formèrent ces vignes avec des plants de Bourgogne & de Champagne & qui y femèrent du bled; leurs premiers effais furent fi heureux, que depuis ce temps on n'a pas cefté d'y faire d'abondantes récoltes de grains & de vins. Toutes ces circonftances réunies annoncent la température la plus faine, le meilleur air & un printemps perpétuel, dans un climat fort doux, fous un ciel ferein, où les excès de la chaleur & du froid font également inconnus.

On en jugera par les obfervations fuivantes. Quelquefois les chaleurs y font exceffives, mais leur durée y eft toujours fort courte : les jours les plus chauds font ceux où il n'y a point de vent depuis le mois de Novembre jufqu'à celui de Mars. La plus grande chaleur que M. l'Abbé de la Caille ait éprouvée au Cap, dans le long féjour qu'il y a fait, a été de trente-trois degrés le 17 Février 1752

& de trente-cinq degrés le 22 du même mois; mais tout le monde avouoit que cette chaleur étoit très-extraordinaire. A la suite de ce jour, le thermomètre descendit à minuit à quinze degrés, par un brouillard fort humide qui s'éleva. Ce changement subit de température, occasionna un rhume épidémique accompagné de fièvres & de maux de tête insupportables, avec un abattement général, dont très-peu de personnes furent exemptes, & dont plusieurs moururent, surtout les plus âgées.

La plus grande chaleur des jours calmes de l'été, est de vingt-huit à vingt-neuf degrés, comme dans les pays les plus chauds de l'Europe : mais pendant que le vent de sud-est souffle avec force, l'air est très-froid : il cause même le soir, à ceux qui s'exposent dehors à son action immédiate, un saisissement assez prompt : s'il s'introduit dans une chambre par quelque porte entr'ouverte, il transit ceux qui se trouvent à son paſſage. Ce vent tempère la chaleur que les ſables, la ſéchereſſe du climat & le voiſinage du tropique, ſemblent devoir rendre inſupportable.

Dans l'hiver, quoique les nuits paroiſſent extrêmement froides, il gèle rarement, & le thermomètre ne deſcend pas plus bas que quatre degrés & demi au-deſſus de la congélation. Le peu de glace qui ſe forme en quelques endroits, ſe fond très-promptement; on n'y voit point d'apparence de gelées blanches. Les montagnes les plus élevées, dont une a mille ſoixante-onze toiſes de hauteur, conſervent pendant quelques ſemaines leurs ſommets blanchis comme s'ils étoient couverts de neige, mais on aſſure que c'eſt de la grêle.

Depuis le 15 de Mai juſqu'au 15 d'Août, les ouragans qu'excitent par intervalles les vents de nord & de nord-oueſt, interdiſent l'entrée de la rade du cap aux vaiſſeaux Hollandois ; cependant

ces

ces mois, avec celui de Septembre, forment la belle saison, ou du moins la plus agréable ; il y pleut souvent & quelquefois quatre ou cinq jours de suite, mais aussi on y jouit après cela, autant de jours consécutifs, du plus beau ciel, d'un calme & d'une chaleur douce, tels que les plus beaux jours du mois de Septembre à Paris n'en approchent pas. Dans les autres mois, la chaleur ou les vents impétueux de sud-est, interdisent le plaisir de la promenade & de la campagne.

La saison la plus sèche du Cap est dans les mois de Janvier, de Février & de Mars, qui répondent à nos mois de Juillet, Août & Septembre. Les pâturages sont alors absolument arides. S'il ne tombe pas de la pluie en Avril, avant le froid, pour faire croître de l'herbe qui rende la vigueur aux bestiaux, qui sont extrêmement foibles & maigres, les pluies froides des mois de Mai & de Juin en font périr une grande quantité.

Tome II.   Q

Il tonne très-rarement au Cap, si ce n'est dans la saison pluvieuse, & on n'y voit jamais d'éclairs à l'horison par un temps chaud & serein, ainsi qu'il arrive en Europe. Le vent de sud-est qui assure la salubrité de l'air en agitant presque continuellement l'atmosphère, dessèche la terre & les plantes, & leur nuit quelquefois par sa violence ; mais comme on en connoît les effets, on sçait quelles précautions il faut prendre pour garantir de ses fureurs les jardins, les maisons, les vignes & les grains. Il cause un trémoussement dans la lumière & dans toute la masse de l'atmosphère, qui fait qu'on ne peut observer les astres avec précision, & que l'horison paroît toujours embrumé, quoique le ciel soit très-clair. Les vents secs donnent la même apparence à l'horison, dans les plaines vastes & élevées de nos climats.

Ce pays offre en mille endroits les plus riches paysages ; les mon-

tagnes font bordées d'une quantité
de bofquets, de beaux & grands arbres. On voit dans les vallées &
les plaines des prairies émaillées
d'une quantité innombrable de
fleurs, dont le parfum embaume
les airs; outre toutes fortes d'excellens végéraux & de fruits délicieux, dont les uns font propres à
ce pays & les autres y ont été apportés de toutes les parties du monde. Il n'y a pas de région connue
qui foit peuplée d'un plus grand
nombre d'animaux divers. On y
trouve des éléphans, des rhinocé-
ros, des bufles, des lions, des tigres, des léopards, des loups, des
chiens fauvages, des porc-épics,
des élans, des chèvres de plufieurs
efpèces, des lièvres, des chevaux
fauvages, des zèbres & beaucoup
d'autres animaux; les poiffons &
les oifeaux n'y font pas moins
abondans : mais les reptiles & les
infectes y font auffi en très-grand
nombre, & fur-tout les ferpens,
dont quelques-uns font très-veni-

meux. Ainſi les avantages que donne à ce pays la multitude des animaux utiles, ſont contrebalancés par
les inconvéniens qui réſultent du
grand nombre d'autres animaux
dangereux & nuiſibles. Tout eſt
compenſé dans la Nature, l'ordre
de diſtribution qui y règne, apprend
à l'homme que par-tout les maux
ſont mêlés en certaine proportion
avec les biens, même dans les pays
de l'univers les plus délicieux, afin
de les mettre, en quelque ſorte,
de niveau avec d'autres régions
moins fertiles & moins agréables,
mais où l'on a moins d'objets de
crainte, contre leſquels on doive ſe
précautionner.

Je ne dirai rien ici de ces inſtans
terribles où un vent furieux, ſor-
tant d'un nuage qui ſe forme au
ſommet des montagnes du Cap,
précipite dans le fond de l'abyme
les vaiſſeaux expoſés à ſes coups:
comme cet ouragan d'une violence
extrême, dure très-peu & ne change rien aux qualités de l'atmoſ-

phère, il est inutile, quant à présent, d'en parler plus au long.

On ne jouit de tous les avantages que nous venons de rapporter, que dans un espace de trente à quarante lieues. Plus loin en approchant du tropique du capricorne, sont les forêts qu'habitent les Hottentots, espèce d'hommes grossiers fort attachés à leurs anciens usages, qui paroissent peu au-dessus de l'instinct animal, mais bons & serviables, desquels les Hollandois tirent des secours essentiels & dont ils ont fait leurs pourvoyeurs, parce qu'on s'est moins attaché à les contraindre & à les subjuguer, qu'à en tirer toute l'utilité possible, en les laissant dans leur état libre & indépendant. On peut juger encore que la température du pays des Hottentots est assez égale & fort saine par la bonne santé dont ils jouissent ; malgré la mal-propreté dans laquelle ils croupissent pendant toute leur vie, & qui sans doute est cause de son peu de du-

rée; de même que l'habitude où ils
font de faire leur principale nourriture de viandes infectées & tout-
à-fait corrompues, qu'ils aiment de
préférence à tout autre aliment.
Cette nation ne vit guères au-delà
de quarante ans.

On peut comparer au Cap de
Bonne-Espérance l'isle de Madère,
qui est à une distance à peu près
égale de l'équateur dans la mer
atlantique, par le travers de la
partie la plus occidentale de l'A-
frique. Elle n'offre pas des ressour-
ces aussi variées aux navigateurs fatigués ; mais ils font sûrs d'y trouver de bonnes eaux, des fruits excellens & de quoi ravitailler leurs
vaisseaux, un air pur & serein
dans une température si douce &
si égale, que jamais on n'y éprouve
les excès du froid & du chaud : il
y règne un printemps perpétuel,
qui y fait croître toute l'année des
fleurs & des fruits. Tout le terrain de cette isle est formé par une
montagne fort longue & assez éle-

vée, qui s'étend de l'est à l'ouest.
Sur la côte au sud, sont plantées
des vignes, dont le vin a la propriété admirable de pouvoir être
transporté par-tout ; les chaleurs de
la ligne, loin de le gâter, contribuent à le rendre meilleur. La fertilité du sol y est si grande, qu'il
produit plus de blé qu'aucune des
isles voisines, d'une étendue deux
fois plus considérable. Après les
récoltes l'herbe s'élève si haut dans
les champs, que l'on est obligé de
la brûler, crainte qu'en se pourrissant elle ne forme à la surface
de la terre une couche nouvelle,
qui fasse obstacle à sa fertilité ; &
lorsqu'on plante des cannes à sucre dans ces cendres, elles donnent
au bout de six mois une récolte
abondante. En général les fruits y
sont excéllens & variés, mais un
peu trop doux, ce qui fait que l'on
n'ose en manger beaucoup, dans la
crainte d'en être incommodé. Lorsque les Portugais s'y établirent
en 1431, l'isle étoit presque toute

couverte de bois, paroiſſoit humide, le froid y étoit aſſez vif pour être obligé de ſe chauffer. Ils allumèrent à l'entrée d'une forêt, du feu, qui, s'étant étendu plus loin, cauſa un incendie qui dura pluſieurs années : on prétend, avec raiſon, que cet accident contribua à rendre le ſol plus fertile, l'air plus doux & plus ſain, & cauſa ſans doute la deſtruction des inſectes & de tous les reptiles venimeux que l'on ne connoît point dans cette iſle. Le bétail de toute eſpèce que les Portugais y ont amené, s'y eſt beaucoup multiplié, y eſt commun & de bonne qualité. La ſalubrité de la température de l'iſle de Madère & du Cap de Bonne-Eſpérance, quoiqu'à plus de ſoixante degrés l'un de l'autre, tant au-deçà qu'au-delà de la ligne, la fertilité du ſol & la bonté des productions, prouvent que dans une poſition favorable & dans une latitude moyenne, toutes les terres élevées naturellement plus ſèches qu'humides

& bien cultivées, jouiffent d'un air pur & fain, que les hommes doivent y vivre long-temps, & à l'abri des maladies qui règnent dans la plupart des autres climats, fur-tout dans les terres baffes & humides, s'ils n'abufent par leurs excès, des bienfaits de la Nature. Eft-ce à cette caufe qu'il faut attribuer la mortalité qui fait des ravages depuis quelque temps parmi les habitans de l'ifle de Madère ? Le docteur Thomas Heberden en a décrit les effets & a déterminé le nombre des malheureux que cette terrible épidémie a enlevés. Il eût fans doute été plus utile de s'oppofer à fes progrés, & d'indiquer les moyens de les arrêter (*a*).

Je ne m'arrêterai pas ici à faire de nouvelles obfervations fur une partie des côtes méridionales de l'Afrique, que l'on parcourt en re-

______

(*a*) Tranfactions Philofophiques pour l'année 1767, art. 46.

montant du Cap de Bonne-Espérance à la mer Rouge ; j'en ai parlé dans le discours précédent, ainsi que des côtes occidentales & du continent qui les avoisine, situés entre les tropiques. Toutes ces régions, quelqu'étendues qu'elles soient, à l'exception de quelques lieues à la distance des côtes, sont peu connues ; le commerce que l'on y fait est sur les ports, & l'on s'y arrête si peu, que, comme nous l'avons déja remarqué, les relations varient, & sont plutôt conformes au moment où les navigateurs y ont touché, qu'à l'état constant de l'atmosphère.

On connoît mieux l'isle de Madagascar, la plus grande de ces mers, située le long des côtes orientales de l'Afrique, dont elle est séparée par le canal de Mozambique ; elle s'étend depuis le onzième jusqu'au vingt-cinquième degré de latitude méridionale qui font environ trois cens trente-six lieues de longueur, sur cent vingt dans sa plus grande

largeur, & huit cens de circonférence : fa pointe au fud s'élargit
vers le Cap de Bonne-Efpérance ;
celle au nord, beaucoup plus étroite, fe courbe vers la mer des Indes : les terres y font en général
fort élevées & couvertes de montagnes droites & hautes, féparées
par quelques plaines, qui feroient
très-fertiles fi elles étoient bien cultivées. Mais le caractère indolent
& pareffeux du plus grand nombre de fes habitans, foutenu par
l'efpèce de gouvernement auquel
ils font foumis, fait qu'ils fe contentent des productions que la terre
leur fournit prefque fans culture :
la fouveraineté du pays étant par-
tagée entre plufieurs petits princes
barbares, qui font prefque toujours
en guerre les uns avec les autres,
toute idée d'induftrie & d'ému-
lation en paroît bannie. Le commerce feul s'y foutient par la quantité de denrées & de marchandifes
que produit ce pays, & dont les
étrangers fe fourniffent à fes ports ;

Q vj

ils en tirent des gommes, des bois
de teinture, de menuiserie & de
charpente, des cuirs verds, de la
cire, du sucre, du tabac, du poivre, du coton, de l'indigo, de
l'ambre gris, des bols ou terres de
couleur, des toiles d'écorces que
fabriquent les femmes du pays. Ce
commerce avec un peuple si grof-
fier, se fait par échange & à l'efti-
mation qui varie suivant ses capri-
ces; l'or seul a une mesure & un
poids qui ne passe pas le gros ou
le quart de l'once, qu'il faut ré-
doubler autant qu'il est nécessaire;
les Madecasses n'ayant pu étendre
leurs idées jusqu'à l'once entière,
à plus forte raison jusqu'au marc
ou à la livre; ils vendent aussi aux
Africains, quelques outils pour le
labour, des ustensiles de fer, de cuivre, de la poterie, des cordages de
différentes grosseurs, faits avec des
écorces d'arbres, & d'un fort bon
usage. Cette nation possède des
mines de fer & de cuivre, dont il
paroît qu'elle sçait faire usage,

quoique sa façon de les exploiter
ne soit pas connue : le sol qu'elle
habite est naturellement fertile ;
plus d'industrie & d'amour pour
le travail, un gouvernement régu-
lier & de bonnes loix, en feroient
un excellent pays. On y trouve
même des sources minérales éprouvées contre plusieurs maladies, des
fontaines salées qui ne sont pas
moins utiles ; mais tous ces avantages de la Nature sont anéantis
sous le poids de l'ignorance & de
la barbarie, que l'on aura de la
peine à en bannir.

Les naturels du pays sont si pa-
resseux, que contens de se diver-
tir, de chanter & de danser, ils
n'ont dans leurs maisons aucuns
meubles, aucunes aisances ; ils cou-
chent sur des nattes, mangent la
chair presque crue, & dévorent
même le cuir des bœufs après en
avoir fait un peu griller le poil.
Cette nonchalance grossière est d'autant plus étonnante dans ce peuple,
qu'il a quelque connoissance des

arts utiles : on trouve dans cette
isle des laboureurs , des charpen-
tiers, des forgerons, des potiers ,
& même des orfèvres ; l'art de la
tisséranderie est regardé comme si
méchanique & si abject , qu'il n'est
exercé que par les femmes , qui ,
parmi toutes ces nations barbares,
sont traitées en esclaves. Il règne
parmi les hommes & les femmes
de Madagascar une débauche extrême, qui est une suite de leur
goût désordonné pour le plaisir; on
prétend même que les femmes ont
le privilège de n'être point désho-
norées pour s'être abandonnées
publiquement, contre l'usage & le
sentiment de tous les autres nègres,
qui sont extrêmement jaloux les
uns des autres ; mais le pays n'en
est pas mieux peuplé pour cela ,
quoique les femmes y soient très-
fécondes. Deux coutumes singulières contribuent d'une manière
visible à sa dépopulation; la première , que si une femme , après
avoir mis heureusement au mou-

de un enfant , vient à mourir dans
les suites de sa couche , ils enter-
rent l'enfant tout vivant avec la
mère , prétendant qu'il vaut mieux
que l'enfant meure que de vivre ,
parce qu'il n'a plus de mère pour
avoir soin de lui : la seconde coutume beaucoup plus destructive ,
est d'exposer aux bêtes sauvages
les enfans qui naissent dans des
jours malheureux ou sous quelque
mauvais aspect des planettes , selon
qu'il plaît à leurs Ombiasses ou
prêtres , de les déterminer , & ces
jours sont en si grand nombre , qu'ils
occupent presque la moitié de l'année. Nous ne pouvons pas concevoir quel intérêt a pu donner
naissance à une superstition aussi
cruelle.

Les François qui y ont eu dans
le siècle dernier quelques établissemens , ont été forcés de les abandonner ; c'est d'eux que l'on sçait
que tout l'extérieur du pays est
couvert de forêts , dans lesquelles
les eaux de pluie qui s'arrêtent dans

les terrains bas , forment à la longue
des marais , que l'épaisseur des bois
empêche de se dessécher , & qui rendent la température de l'isle fort
mal-saine dans la saison des chaleurs , qui doivent être considérables à cette latitude , & dans un
climat , où l'on ne connoît ni la
glace ni la neige. Le spectacle de
la Nature n'y est pas pour cela moins
beau & moins séduisant : les oran-
gers, les grenadiers , & autres arbres semblables , y croissent par-
tout, & s'élèvent à une grande hauteur ; ils sont entremêlés d'autres
arbustes dont les fleurs ressemblent
à celles du jasmin d'Espagne : ce
mélange forme naturellement des
berceaux , dont la beauté est plus
piquante que la régularité & la
symmétrie de l'art. Ces points de
vue charmans ne sont pas rares à
quelques milles des bords de la
mer, où le sable léger & fin que les
vents y portent, contribuent à augmenter les agrémens de cette décoration naturelle. Mais tous ces

avantages ne font qu'apparens : une culture bien établie, le foin de percer les forêts, de deffécher les marais qu'elles cachent, en faifant écouler les eaux qui croupiffent, pourroient feuls les rendre plus réels, en contribuant à la falubrité de l'air & à la bonté des productions du pays. C'eft ce que l'on ne peut pas efpérer de la jaloufie féroce des grands qui y dominent, trop bornés pour fentir l'utilité qui réfulteroit du changement de certains ufages, & des établiffemens nouveaux que formeroient des nations plus laborieufes & plus éclairées ; on les a toujours vu fe réunir, quelle que fût la méfintelligence qui régnoit entr'eux, pour s'oppofer aux progrès que les Européens, ou tout autre étranger, tentoient de faire & de foutenir à main armée.

Ce pays a été peuplé originairement de noirs qui y font paffés des régions voifines de l'Afrique, & il paroît que les Arabes en ont fait

la conquête il n'y a pas bien long-
temps ; car ils conservent encore
quelques restes de leur teint d'origine, qui se noircit insensiblement ;
chaque génération prend une nuan-
ce plus forte, & se rapproche davantage de la couleur des premiers
habitans de l'isle ; les anciens nègres conservent cependant encore
du respect pour eux, & les croient
d'une espèce fort au-dessus de la
leur.

Environ à cent quatre-vingt lieues
à l'est de Madagascar, en dedans
du tropique du capricorne, on trouve les isles de France & de Bourbon
(ou Maurice & Mascareigne) ; la
première, au dix-huitième degré
trente minutes de latitude méridionale ; la seconde, au vingtième
degré trente minutes ; du soixante-
treizième degré de longitude au
soixante- quinzième, à quarante
lieues l'une de l'autre. Ces deux
établissemens sont d'une grande
importance pour les François. L'isle
de Bourbon sert d'entrepôt aux vais-

feaux qui font le commerce dans
les Indes orientales ; l'ifle de France a des havres bons & fûrs : l'une
& l'autre affez fertiles, font dans
un air fort fain, & fournissent des
rafraîchiffemens très-utiles aux
vaiffeaux, qui y trouvent de l'eau &
du bois. Les montagnes y font
pleines de gibier, & les mers très-
poiffonneufes. On ne s'y plaint que
de la fréquence des ouragans, qui
fouvent ravagent les plantations, &
incommodent beaucoup les vaiffeaux qui s'y trouvent alors

§. X V.

Obfervations fur l'Abyffinie
& l'Egypte ; effets des inon-
dations du Nil.

A l'extrémité orientale de l'A-
frique, entre le huitième & le fei-
zième degré de latitude nord, on
trouve l'ancien royaume d'Abyffinie, qui occupe un efpace d'environ

quatre cens lieues, dans un terrain fort élevé, à l'occident duquel on place les sources du Nil, dans la province de Goyam. Les peuples en sont noirs, bien faits, laborieux & robustes, & vivent très-long-temps. Il y a peu de plaines dans ce pays : il est tout hérissé de montagnes, qui en sont la partie la plus habitée, & peut-être la seule habitable. Outre les pluies qui y sont réglées comme dans toutes les régions voisines de l'équateur, le Nil qui le traverse se débordant dans les plaines & les terres basses, ne permet pas que l'on s'y fixe, lors même qu'il s'est retiré; les chaleurs y sont si vives, & sans doute l'air si mal-sain, que l'on n'y reste que le temps nécessaire pour faire les récoltes. Elles y sont très-abondantes, & se succèdent rapidement; car la plupart des terres, d'une inondation à l'autre, portent jusqu'à trois fois : la végétation y est si forte, & le climat si doux malgré sa grande élévation, qu'il y a toujours plus d'herbes dans les pâturages qu'il n'en faut pour la nourriture du bétail, & les campagnes y font continuellement couvertes de fleurs. On peut conjecturer qu'une longue expérience a déterminé les Abyffins à préférer le féjour des hauteurs à celui des plaines, pour fe fouftraire à l'intempérie qu'y produifent les eaux qui les couvrent une partie de l'année, & dont nous expliquerons les caufes, en parlant plus bas de la température de l'Egypte & des inondations du Nil.

Dans ces hautes terres, que l'on peut comparer aux vallées du Pérou, l'air eft toujours frais & tempéré, à caufe de plufieurs montagnes d'une hauteur prodigieufe, & tellement difpofées entr'elles, qu'elles interceptent les rayons du foleil, & les empêchent de pénétrer dans les vallées qui les en féparent. Le fol arrofé par les différentes branches du Nil eft très-fertile, les côteaux ont des pâturages & quelques forêts; mais les fommets ne préfentent que des

vastes déserts, des montagnes de
sable & des rochers formidables,
dont les antres fournirent des ré-
traites aux premiers habitans, &
où l'art a pratiqué depuis des loge-
mens spacieux & commodes, des
palais même pour les rois. Outre
ces avantages, ces montagnes en
ont un autre qui est bien plus grand :
elles sont la première cause de l'a-
bondance du pays ; c'est-là où se
réunissent & s'arrêtent les nuages,
qui s'y fondent en pluies, & fournissent à l'entretien des eaux qui
le fertilisent.

Il y a toute apparence que cette
partie de l'Afrique a été la plus
anciennement peuplée, même avant
l'Egypte, qui est une terre beaucoup plus basse, & qui n'a par conséquent pas pu être habitée aussi-
tôt. La tradition du pays, qui fait
remonter l'établissement du royaume d'Abyssinie à l'antiquité la plus
reculée, peut en être regardée comme une preuve. En 1635 on y
comptoit une suite vraie ou fausse

de cent soixante-treize souverains descendus de Chus, petit-fils de Noé, dont Menilech fils de Salomon & de Makada, que l'Ecriture appelle la reine de Saba, fut le treizième, & régna soixante-neuf ans (*a*). L'air doit y être fort sain, car la plus grande partie de ses peuples, sans être errans comme les Tartares, vivent sous des tentes. De tous les negres, ce sont les plus intelligens, les plus laborieux & les plus dociles; ils ont la taille haute, les yeux beaux & bien fendus, le nez bien fait, les lèvres petites & les dents blanches. Relativement à nos usages, on ne regarde les Abyssins que comme un peuple à demi-policé, quoiqu'il y ait entr'eux une distinction d'états qui se remarque à la manière dont ils s'habillent, le peuple se servant de toile de coton, & les nobles d'é-

______

(*a*) *Voyez* l'Histoire du prince Zagachrist, *in*-4°, *Paris*, 1635.

toffes de foie : mais cette diftinction
eft une fource de défordre pour tout
le pays, parce que les nobles mé-
prifent & maltraitent autant qu'ils
peuvent les gens du peuple ; ce qui
fait que ceux-ci n'étant point en-
couragés, négligent la culture de
leurs terres & toute efpèce d'induftrie ; ufage d'autant plus nui-
fible, que cette nation eft naturellement douce, affez fpirituelle,
d'un fens droit & fort ennemie de
toute chicane : les procès s'y terminent fur les rapports des témoins,
& les défenfes que fourniffent elles-
mêmes les parties ; ainfi ils ne durent pas long-temps. Un roi de
Portugal qui vouloit introduire dans
ce royaume, avec la religion catho-
lique, les ufages de l'Europe & fa
jurifprudence, y envoya à la fin du
quinzième fiècle des miffionnaires,
& des docteurs en loi avec leurs
livres ; le roi des Abyffins les reçut
honnêtement, & les renvoya après
avoir fait brûler leurs livres, de
peur, dit-il, que voulant par ce
moyen

moyen instruire les juges du pays
à rendre exactement la justice, on
ne leur apprît à couvrir leurs in-
justices & leurs passions particulières, par la subtilité d'une multitude
de questions obscures, dont l'intelligence est fort difficile, & l'application souvent arbitraire.

Il se fait encore quelque commerce de l'Abyssinie au Caire ;
des caravanes de marchands s'y
rendent tous les ans, pour vendre
des esclaves, de l'or, des éléphans,
des drogues, des singes & des perroquets, qu'ils tirent de l'intérieur
de l'Afrique. Ils traversent des déserts affreux ; & comme la durée de
leur voyage dépend des vicissitudes
de l'air & de la saison, ils sçavent
aussi peu que les marins, combien
de temps ils resteront en route, ce
qui les expose souvent à manquer
de vivres. C'est ce qui arriva en
1750 : la caravane resta près de
deux mois en chemin plus qu'elle
ne comptoit, les provisions lui man-
quèrent ; dans cette extrémité, elle

Tome II.   R

eut recours à la gomme Arabique, dont elle avoit une grande quantité, & qui fervit à nourrir plus de mille perfonnes pendant tout ce temps : on fçait que cette gomme eft gelatineufe, & ce fait prouve qu'elle eft une fubftance fort nourriffante (*a*).

Entre l'Abyffinie & l'Egypte, on trouve l'ancien royaume de Nubie, qui s'étend du quinzième au vingt-troifième degré de latitude. Ce pays, prefqu'auffi élevé que l'Abyffi-nie, eft dans une température auffi chaude, & le fol n'eft fertile que dans les endroits où le Nil fe ré-pand ; par-tout ailleurs, fur-tout au fud, du-côté du grand défert de Sahara, ce font des montagnes de fable aride, & de hauts rochers qui fervent de retraites aux bêtes féroces. L'air n'y eft pas auffi fain qu'en Ethiopie, parce qu'il y eft

______

(*a*) Voyage dans le Levant, par Haffel-guift.

fec & brûlant ; ce qui fait fans
doute que les Nubiens font moins
grands, ont les traits moins réguliers, & font plus noirs que les
Abyffins ; mais ils font auffi forts,
plus laborieux, & beaucoup plus
fins. Quoiqu'ils foient prefque continuellement en guerre, ils font un
commerce confidérable avec les
marchands du Grand-Caire, auxquels ils portent de l'or, que l'on
prétend fe trouver dans leurs montagnes, & qu'ils tirent plus probablement de l'intérieur de l'Afrique,
par la Nigritie, de l'ivoire, du bois
de fandal, & des cannes de fucre
qu'ils cultivent, mais qu'ils ne fçavent pas préparer. C'eft le peuple
le plus actif & le plus induftrieux
de l'Afrique habitée par les nègres.
Les Nubiens font cas des richeffes,
& fçavent les conferver & en jouir.

Ces contrées font fujettes à des
révolutions terribles ; la féchereffe
& la chaleur qui y règnent conftamment, rendent l'air & le fol
fufceptibles des mouvemens les plus

affreux. Le ciel & la terre femblent
fe confondre, & ne former tout d'un
coup qu'un feul élément deftructeur,
qui agit de la manière la plus horrible fur les peuples expofés à fes
coups. Dans le dernier fiècle, après
l'apparition d'une comete ardente,
le pays des Giagues fut expofé à un
ouragan fi furieux, que les maifons
dans les villes, & les forêts dans les
campagnes, furent renverfées. L'é-
paiffeur des nuées étoit telle que
la nuit fut prolongée pendant vingt-
quatre heures. Le feu des éclairs
qui embrafoient l'atmofphère, fut
la feule clarté dont on jouit pendant ce long intervalle. L'orage paroiffoit fe calmer, quand tout-à-
coup un affreux tremblement de
terre vint ajouter à la terreur publique, & renverfer les édifices que
l'impétuofité des vents & le feu de
la foudre avoient épargnés : fes fecouffes réitérées furent fi violentes,
qu'elles fendirent les rochers les plus
durs. Des bourgs & des plaines entières avec leurs habitans, furent

engloutis dans les abymes qui s'ou-
vrirent en différens endroits de ce
malheureux royaume. A ces dé-
faſtres ſuccédèrent une famine ſi
cruelle & une peſte ſi terrible, que
la mort moiſſonnant la plus grande
partie de ces peuples, il n'en reſta
qu'un très-petit nombre. Ce ſont
des phénomènes de ce genre, que
l'on croit être très-fréquens dans
l'intérieur de l'Afrique méridionale, qui en cauſent la dépopulation par les maladies épidémiques
qu'ils occaſionnent, & ſur leſquels
les voyageurs les plus inſtruits n'ont
pu que former des conjectures;
n'ayant eu aucun intérêt qui les dé-
terminât à s'engager dans le fond
des terres, où ils auroïent eu autant
à redouter les traitemens des hommes les plus barbares de l'univers,
que les intempéries & les révolutions des élémens.

Les Giagues, dont nous venons
de parler, ſont originaires de Guinée, d'une région fort vaſte, où l'on
voit des pâturages admirables, dont

l'aspect semble délicieux, mais qu'ils ont été forcés d'abandonner par la multitude étonnante de scorpions & de phalanges, espèce de vers ou d'araignées venimeuses à quatre mâchoires, qui les dévoroient, & que les pluies ordinaires à cette région multiplioient à l'excès. Ils se retirèrent d'abord dans les provinces méridionales de l'Abyssinie; ils habitent actuellement le Congo, dans le voisinage & au couchant du lac Zaïre, & confinent au midi avec les états du roi d'Angola. De tous les nègres, ce sont les plus barbares, les plus impitoyables & les plus intrépides. Toujours altérés de sang & de butin, le plaisir de dévorer les membres palpitans de leurs ennemis, ou quand ils ne sont point en guerre, ceux de leurs propres concitoyens, a pour eux un attrait irrésistible qui les porte à se précipiter au milieu des bataillons les plus épais. C'est sous ces traits, qu'on nous a représenté ce peuple très-féroce & vraiment antropophage,

gouverné par des souverains encore
plus cruels, qui, maintenant leurs
sujets dans les coutumes les plus
barbares, ont contribué à leur destruction, autant que les intempéries & les élémens en fureur.

On descend en Egypte par le
nord de la Nubie, & on arrive à de
vastes plaines que le Nil traverse
en entier dans un espace de deux
cens lieues du sud au nord, & dont
les eaux peuvent être regardées comme la cause principale des variations
qu'éprouve l'atmosphère de cette
région si fameuse. L'air y est en général si raréfié, qu'il y pleut très-rarement ; & si par extraordinaire il
arrive qu'il tombe de la pluie dans
quelques-unes de ses parties, elle
occasionne des maladies épidémiques, que l'on ne peut attribuer qu'à
la qualité des exhalaisons qui s'é-
lèvent des terres ; condensées par
une humidité extraordinaire, elles
ne se dissipent pas assez promptement, & agissent sur les corps de
manière à y causer des dérange-

mens senfibles qui font fuivis de fièvres, d'afthmes, de catharres fouvent mortels, & toujours contagieux.

S'il eft vrai en général, que l'on doit attribuer aux pluies & à la quantité des eaux répandues fur la furface de la terre les plus grands changemens qui y arrivent, elles ne contribuent pas moins à varier les qualités de l'atmofphère, & à les déterminer. Le Nil, qui couvre toute l'Egypte depuis environ le milieu du mois de Juin jufqu'au commencement d'Octobre, à une hauteur très-confidérable, nous retrace l'idée de ces temps reculés pendant lefquels la terre étoit cachée fous les eaux. Il reffemble à une vafte mer qui a un courant établi, & vient fe jetter dans une mer encore plus grande.

On n'ignore plus les caufes de cette inondation : au printemps, lorfque les premières chaleurs commencent à fondre les neiges qui couvrent les montagnes des pays

fitués au nord de l'Egypte, il s'é-
lève des vents alifés qui foufflent
cinq ou fix femaines de fuite du
nord au fud, & qui tranfportent
les vapeurs, dont la fonte des neiges & l'action du foleil chargent
l'atmofphère, jufqu'aux montagnes
de Nubie & d'Abyffinie, au fommet defquelles elles s'attachent en
fi grande quantité, qu'elles y forment ces nuages épais qui fe fondent en pluies abondantes, qui ne
reffemblent point aux pluies ordinaires à nos climats, qui diftillent
par gouttes d'inégale groffeur,
Les nuées fe crevent de temps à
autre fur les fommets de ces montagnes, & y verfent tout d'un coup
une énorme quantité d'eau, qui
groffit les lacs qu'elles entourent
& les ruiffeaux qui en fortent, &
qui venant à fe déborder de toutes
parts, fourniffent au Nil la matière
de fes inondations périodiques. A
cette première caufe, il en faut
joindre une feconde, le temps des
pluies, ou l'hiver des régions, fi-

tuées presque sous l'équateur au nord, où se trouvent les montagnes de la lune ; cette saison y règne pendant les mois de Juin & de Juillet, continue dans le mois d'Août, & quelquefois au commencement de Septembre, mais toujours en diminuant : ces pluies grossissent étonnamment le grand lac Zaïre, situé entre ces montagnes, à la partie la plus orientale de l'Afrique & le lac de Dambea dans l'Abyssinie. Ces lacs communiquent avec le Nil, & y versent alors la plus grande partie de leurs eaux, qui doivent être regardées comme une des causes principales de ses débordemens, d'autant mieux que croissant environ pendant quarante jours du milieu de Juin à la fin de Juillet, & en mettant autant à décroître, du commencement d'Août jusqu'à la fin de Septembre, ces deux termes s'accordent exactement, avec le temps où le Nil reçoit en plus grande quantité les eaux de ces lacs : il n'est même considé-

rable qu'après qu'il les a reçues ;
car à quelque distance de ses sources, dans le royaume de Goyam
en Abyssinie , il coule tranquillement à travers des vallées qu'il
fertilise par sa fraîcheur , comme
feroit toute autre rivière , mais qu'il
n'inonde pas comme l'Egypte.

Hérodote prétend que ce fleuve
croissoit autrefois pendant cent
jours , & en mettoit autant à décroître (*Hist. l.* 2.) : il semble assurer avoir été témoin de ce phénomène ; mais s'il a jamais existé , on
ne peut en fixer la date qu'aux
temps les plus reculés , lorsque le
lit où coule ce fleuve n'étoit pas
encore formé. Il est à croire que
l'Egypte avoit alors peu d'habitans , & qu'il s'en falloit beaucoup
qu'elle fût aussi fertile qu'elle l'a
été dans le temps de sa grande puis-
sance , lorsque les inondations
étoient telles à peu près, qu'elles le
font encore. Il faut donc assigner
une cause plus naturelle à l'état
actuel de ses débordemens, & la

R vj

prendre dans la profondeur même de son lit, qui est devenu plus considérable à mesure que, chariant plus de vase & d'autres matières terrestres, le sól qu'il couvroit presque en entier s'est plus élevé. Ainsi, contenant plus d'eau dans son cours ordinaire, il sort plus tard de ses bornes, & y rentre plutôt : si ce fleuve couvre encore toute la basse Egypte à la hauteur de vingt-six pieds, que l'on juge de son inondation lorsqu'il étoit cent jours à croître ; elle devoit être du double plus forte. Mais, par la même raison, on peut conjecturer qu'après une longue suite de siècles, il ne se débordera point du tout, parce qu'en continuant à répandre des limons & des débris de végétaux & de toutes sortes de corps, sur les terres qu'il arrose, le pays s'élevera, les bords du fleuve deviendront plus hauts & plus solides, & à la suite des temps il se formera un canal assez grand pour contenir toute l'eau du fleuve, même dans sa plus grande abondance ; la rapidité de son cours sera proportionnée à sa masse, & il vuidera ses eaux dans la mer avec autant d'impétuosité, qu'il les recevra des rivières & des lacs qui contribuent à son accroissement. Que deviendra alors la fertile Egypte ? La terre n'étant plus pénétrée à une grande profondeur de cette humidité qui fournit à l'entretien des rosées abondantes qui lui tiennent lieu de pluie, sera bientôt desséchée par l'ardeur du soleil. A ces plaines riches & fécondes succéderont des sables arides & stériles, semblables à ceux du vaste désert de Sahara qui la joignent au couchant : peut-être seroit-elle déja réduite à cet état de stérilité, si le roi des Abyssins eût écouté les propositions d'un seigneur Portugais qui avoit formé le projet de détourner le cours du Nil du côté de la mer Rouge, pour enlever tout d'un coup à l'Egypte la cause de sa fécondité, & rendre inutile au sultan des Turcs, une

province fi riche. C'étoit le defir
de fe venger de l'ennemi déclaré
des chrétiens, qui lui avoit infpiré
ce deffein, dans lequel il crut qu'il
feroit fecondé par un prince, qui fe
croit le plus ancien des monarques
foumis à la religion de Jéfus-Chrift.
On ne pourroit juger qu'à l'infpec-
tion des lieux, fi ce projet étoit
praticable : ce qu'il y a de certain,
c'eft que les années où il n'y a point
de débordement, l'Egypte eft ftérile. C'eft ce qui arriva, ainfi que
le rapporte Sénèque, la onzième &
la douzième année du règne de
Cléopâtre (*a*). Quand l'inondation
eft médiocre, la récolte y répond ;
les parties élevées, où l'eau ne peut
point arriver, reftent arides, & ne
produifent rien. Le terroir eft fi léger, que le feul intervalle qui eft
entre les deux inondations, fuffit
pour le deffécher ; qu'on juge de là
de ce qu'il feroit s'il étoit frappé

____

(*a*) *Natural. quæft. lib.* 4 *, cap.* 2.

des rayons du soleil dans les mois les plus chauds de l'année, lorsque cet astre est au tropique.

L'eau trouble & bourbeuse du Nil, en déposant sur un sol sablonneux & sec un sédiment gras & visqueux, non-seulement le rafraîchit & le renouvelle en l'arrosant, mais elle engraisse singulièrement les parties où la sécheresse a causé le plus de crevasses, en y déposant une plus grande quantité de matières qu'elle entraîne dans son cours ; ainsi elle améliore la terre épuisée par une évaporation trop forte, & lui donne une nouvelle vigueur. Toutes les espérances des cultivateurs Egyptiens sont donc fondées sur les débordemens du Nil ; ils ne s'occupent jamais du temps qu'il fait, dans un climat où le ciel est constamment serein, & la température égale. Jamais, suivant l'ingénieuse expression d'un poëte latin ; les plantes n'y conjurent Jupiter de retomber sur elles en pluie (*a*). C'est à la même cause que l'on rapporte la fécondité des femmes Egyptiennes, soit qu'elles boivent les eaux du Nil, soit qu'elles s'y baignent : elles font de petite taille, fort brunes, ont les yeux très-vifs, & font beaucoup d'enfans. D'ordinaire elles conçoivent dans les premiers temps qui suivent l'inondation, aux mois de Juillet & d'Août ; & les enfans naissent au mois d'Avril ou de Mai. Les animaux y ont la même fécondité ; la Nature répare, par la quantité des productions de toute espèce, ce que lui enlève dans ces climats l'intempérie de l'air.

Car, si les grandes eaux font si favorables aux progrès de la végétation, elles répandent dans l'atmosphère une quantité de vapeurs

___

(*a*) Te propter nullos, tellus tua postulat imbres ;
Arida nec pluvio supplicat herba Jovi.
Tibul.

& d'exhalaisons qui sont funestes, sur-tout aux étrangers. Pendant l'inondation, le soleil, qui est dans sa plus grande activité, & qui échauffe continuellement les eaux bourbeuses dont l'Egypte est couverte, en exalte une quantité de vapeurs dont une chaleur étouffante fait bientôt sentir les effets. Tout le limon que le Nil entraîne avec ses eaux, & dont il couvre les campagnes, n'est formé que de cette couche extérieure de la terre, qui se renouvelle sans cesse par les particules animales & végétales dont elle est composée. Dans son état ordinaire, elle est dans un mouvement & un changement continuel : les animaux & les végétaux qui ont existé depuis la création du monde, en ont emprunté successivement la matière qui a servi à la formation de leurs corps, & ils la lui ont rendue à la mort. Elle y reste donc toujours prête à être reprise de nouveau, & à servir pour former d'autres corps de la même espèce, successivement & sans jamais discontinuer. Car la matière qui compose un corps, est propre & naturellement disposée pour en former un autre de cette espèce (*a*).

Dans un sol cultivé avec soin, qui jouit d'une température justement proportionnée entre le chaud & le froid, le sec & l'humide, on conçoit que les particules de cette matière organique, que la chaleur, soit intérieure, soit extérieure, en fait sortir par le mouvement qu'elle leur communique, & qui se répandent dans l'atmosphère, sont dans la disposition la plus favorable, soit pour former de nouveaux corps, soit pour entretenir ceux qui sont déja formés : c'est pour cela que l'air des pays bien cultivés, dont la température est

----

(*a*) Woodward, Essai sur l'Histoire Naturelle, cité par M. de Buffon. Histoire Naturelle du Cabinet du Roi, *tom.* 1, *pag.* 353. *éd. in-*12.

telle que nous venons de le dire,
est plus sain que celui des contrées
incultes, sur-tout si le terrain en
est marécageux & gras, chargé de
végétaux qui, en se pourrissant,
couvrent sa surface. Si cette disposition produit des intempéries
marquées par-tout où elle se trouve, quelle doit être celle de l'E-
gypte, moins encore dans le temps
de l'inondation qu'après que les
eaux se sont retirées? Lorsque le
Nil est répandu au large dans toutes les campagnes, il n'est pas douteux que dès-lors les matières différentes qu'il entraîne dans son
cours, n'éprouvent une altération
considérable par l'état de fermentation où les met l'action de l'eau
vivement échauffée par les rayons
du soleil : elles se dissolvent & se
dispersent dans l'atmosphère, qui
dès-lors se trouve chargée d'une
quantité de particules hétérogènes
qui en altèrent la pureté, contribuent à rendre la chaleur plus vive &
plus fatigante, jettent les corps dans

l'abattement, & font le principe immédiat d'une quantité de maladies.

Cependant ce n'eſt pas encore le temps où les exhalaiſons doivent communiquer les qualités les plus mal-faiſantes à l'air, parce qu'alors elles font enveloppées dans une quantité de vapeurs aqueuſes qui en arrêtent l'effet en partie, & doivent contribuer à les atténuer, autant qu'à la raréfaction de l'air. Mais quand les eaux ſe font retirées, lorſque la terre, humectée à une certaine profondeur, & toute couverte de ce limon gras que le Nil y a dépoſé, vient à être frappée par les rayons du ſoleil, qui en tirent une trop grande quantité d'exhalaiſons pour qu'elles puiſſent être diſſipées aiſément, c'eſt alors que l'atmoſphère devient en quelque forte peſtilentielle dans la Baſſe-Egypte, à cauſe de ſes boues & de ſes marais. Le ſéjour en eſt mortel à la plupart des étrangers, & le feroit aux naturels du pays, ſi la néceſſité ne les avoit pas aſſujettis à des précautions qui diminuent, au moins pour eux, les effets de la goutte ; c'est le nom qu'ils donnent aux exhalaisons que la chaleur fait sortir des lieux marécageux, ou qui ont été couverts d'eau, & qui s'arrêtent dans la partie la plus basse de l'atmosphère, ainsi que le prouve l'expérience. L'air que l'on respire au château du Caire est très-sain, parce qu'il est bâti sur une éminence au milieu de la plaine.

Cette intempérie, quoique plus violente en Egypte que par-tout ailleurs, se fait sentir en d'autres climats. Dans les grandes chaleurs, l'air du soir & de la nuit est fort dangereux dans la Campagne de Rome, & dans les parties basses de cette ville ; dès que le soleil a disparu, il faut se retirer si l'on ne veut pas en être incommodé : ce n'est que dans les lieux plus élevés, tels que le Mont Pincio & le Quirinal, où les vapeurs nuisibles ne parviennent pas, que l'on ose jouir de la fraîcheur agréable de la nuit. On éprouve une partie de ces inconvéniens à Cette, à Montpellier, & dans presque tout le Bas-Languedoc; à Ormus, dans le golfe Persique, dans la plûpart des Antilles, à Cayenne & dans la Guyanne, il faut s'en garantir avec soin. Au siège de Carthagène de 1742, l'amiral Vernon perdit huit mille hommes par les maladies contagieuses que la goutte répandit dans son camp: près de deux mille, tant François qu'Espagnols, en moururent pour avoir été trop exposés à l'air dans les momens où l'intempérie étoit la plus active: elle leur étoit inconnue, & ils ne prirent aucune précaution pour l'éviter: ils n'étoient attentifs qu'à se garantir de la chaleur brûlante du jour, qui n'auroit que médiocrement altéré leur santé, tandis qu'ils se livroient inconsidérément à l'action mortelle des vapeurs de la nuit, dont ils furent les victimes.

§. XVI.

Causes & effets des vapeurs contagieuses.

Quelque intéressant qu'il soit de connoître la nature de ces vapeurs malignes & contagieuses pour en prévenir les effets, jusqu'à présent leur essence, leurs propriétés & leurs façons d'agir ont échappé à toutes les recherches. La médecine leur a donné le nom de miasmes, qui signifie une cause, ou plutôt un effet de corruption ; elle est forcée de reconnoître leur existence par leur action ; mais comme elles ne peuvent pas tomber sous les sens, on n'a que des conjectures incertaines sur le temps de leur invasion, leur quantité & leur qualité ; tout ce que l'on en peut dire, c'est que ce sont des corps d'une extrême tenuité, qui cependant sont les propagateurs

des maladies contagieuses : ils
agissent à peu près comme les particules qui se séparent des corps
infectés qui restent attachées aux
linges ou aux ustensiles, & communiquent les maladies de la peau,
quoique tout-à-fait insensibles. Cependant on doit regarder comme
bien autrement atténuées les petites portions de matieres qui sortent des corps attaqués de quelque maladie que ce soit, & en
établissent le germe funeste dans
des corps sains, soit après s'être
répandues dans l'atmosphère, soit
en passant immédiatement d'un
corps dans un autre. On peut conjecturer encore que plus ces particules sont subtiles, plus elles sont
pénétrantes & actives : elles se
multiplient en détachant des corps
toutes les molécules qui leur sont
homogènes, & auxquelles elles
impriment leurs qualités nuisibles.
La chaleur & l'humidité de l'air
contribuent sur-tout à leur propagation, & bientôt toute une
partie

partie de l'atmosphère en est in-
fectée au point qu'on ne peut éviter leurs effets qu'en prévenant
leur premiere attaque ; car dès
qu'une fois elles se font établies
dans les corps, difficilement on
échappe à leur malignité. On es-
père s'y souftraire par la fuite,
& on emporte en foi un germe
de corruption dont, le mouvement
& une atmofphère différemment
modifiée, ne fervent fouvent qu'à
accélérer le développement.

On fçait, par une cruelle expérience, qu'un feul homme attaqué de la pefte, a répandu dans
plufieurs pays la caufe de la mort
qu'il portoit dans fon fein, avant
que de fuccomber fous fes coups.
Nous voyons tous les jours des
maladies entiérement femblables,
par les fymptômes, les accidens &
les terminaifons, fe répandre dans
toute une contrée ; & l'on peut
d'autant moins douter que leurs
principes ne tiennent à une difpofition particulière de l'atmofphè-

re, que lorsqu'après des expériences & des obfervations multipliées, on eft parvenu à trouver le moyen de les guérir fûrement & même de les prévenir, ce n'a été qu'après avoir en quelque façon changé l'état de l'air, en détruifant les principes de corruption qui y étoient répandus : & on a dû voir fans étonnement les mêmes maladies reparoître avec autant de force dans d'autres endroits peu éloignés, où l'on n'avoit pris aucunes précautions pour s'en garantir.

L'Angleterre a été long-temps défolée par une maladie connue fous le nom de fueur Angloife, qui, fans doute, n'avoit d'autre caufe que les qualités de l'air qui ont changé, puifqu'elle n'exifte plus, ou qu'elle eft fi rare qu'elle peut être regardée comme nulle. Envain les Anglois croyoient l'éviter en changeant de climat, ils en emportoient le germe avec eux, qui fe développoit enfin, les

expofoit aux mêmes accidens , &
à la mort même , comme ceux
qui n'avoient pas quitté leur pa-
trie. Le remede qui réuffiffoit le
mieux dans cette épidémie , étoit
d'allumer dans les rues & dans les
maifons , de grands feux de bois
odoriférans , remede qui agiffoit
certainement plus fur l'atmofphère
que fur les corps , & qui prouve
que le principe de la maladie étoit
dans les miafmes contagieux dont
alors elle étoit chargée. Hippocrate
prit dans des temps de pefte les
mêmes précautions, qui furent cou-
ronnées du fuccès. Par une raifon
contraire les Hollandois ayant fait
détruire le girofliers dont l'ifle de
Ternate , l'une des Moluques ,
étoit couverte , il en réfulta un
changement dans l'air qui fit voir ,
combien étoient falutaires à cette
partie de l'atmofphère , les corpufcules aromatiques qui s'échappoient
de ces arbres & de leurs fleurs; car
auffi-tôt après que les girofliers eurent été coupés , les habitans de

S ij

cette isle , qui jouissoient auparavant d'une santé constante , & vivoient très-long-temps, furent attaqués de maladies de toute espece. Un médecin les attribua avec raison aux exhalaisons nuisibles d'un volcan qui étoit dans cette isle, lesquelles n'étoient plus corrigées par les corpuscules aromatiques & très-pénétrans que les girofliers répandoient dans l'air. Ces faits sont très-propres à nous instruire sur la maniere d'agir, & même sur la configuration des diverses matières dispersées dans l'atmosphère, qui, s'unissant les unes aux autres, changent de qualités , & produisent des effets tout différens de ceux qu'elles devroient avoir, si elles n'étoient pas ainsi mêlangées.

Pour s'en faire une idée, il faut remonter à des principes que nous avons déja indiqués, & les représenter ici sous un nouveau point de vue ; ils ne peuvent que servir à jetter une plus grande lumière sur la théorie générale de l'air.

Non-feulement la furface extérieure de la terre, mais l'atmofphère, fur-tout dans fa partie inférieure, contiennent toutes les piè-
ces différentes qui doivent fervir
à l'organifation de tous les corps ;
c'eft le vafte attelier de l'univers,
dont la fuprême Intelligence qui le
gouverne, tire cette multitude d'a-
tomes diverfement conformés, mais
propres à s'unir & à s'enchaîner les
uns dans les autres, pour faire, par
l'addition de plufieurs parties de
même nature & de différentes formes, un corps quelconque d'une
efpece déterminée. Ce font ces atomes ou particules de la matière
première, qui fervent à former tous
les êtres organifés qui tombent fous
nos fens : ainfi les atomes de Dé-
mocrite, qu'Epicure a développés, que Lucrece a chantés, que
Gaffendi a fait revivre, ne font autre chofe que les molécules organiques, devenues célèbres dans notre
fiècle. Le terme eft nouveau, mais
dans le fait, les molécules font

auffi anciennes que les atomes : puifque, felon tous les philofophes anciens & modernes, ces parties organiques & vivantes font primitives & incorruptibles ; ce font elles qui forment infenfiblement tous les êtres organifés, & la génération n'eft qu'une modification nouvelle qui fe fait par la réunion de ces parties fimilaires, comme la deftruction de l'être organifé fe fait par la divifion de ces mêmes parties. Ces molécules féparées font par leur nature dans un mouvement perpétuel, & comme elles tendent à un repos dont elles ne peuvent jouir qu'en s'uniffant à d'autres molécules fimilaires, elles effaient de s'affortir toutes celles qu'elles rencontrent, & c'eft par leur effort continuel, que les corps divers font produits ou détruits. Lorfqu'elles font parvenues au point de s'unir & de former un corps humain, elles demeurent en paix jufqu'au moment où des molécules étrangères viennent mal-à-propos troubler

leur tranquillité, & chercher une
place parmi elles. Quoiqu'elles ne
trouvent pas d'abord le moyen de
fe placer, elles ne perdent rien
pour cela de leur mouvement &
de leur activité; au contraire, elles redoublent de force pour tâ-
cher de défunir les molécules fimilaires dont le corps eft compofé ;
celles-ci fe joignent pour réfifter
aux étrangères & les éloigner. Si
le combat eft violent & continué,
le corps tombe dans l'état de maladie, dont les fuites prouvent la
folidité, ou la foibleffe de fa conftitution; car fi ces molécules étran-
geres viennent à bout de divifer
celles qui compofoient une partie
de ce corps, un œil, par exemple, cet organe eft privé de fes
fonctions & de fa vie; ce n'eft plus
qu'une maffe morte, une partie de
matière fans action : fi elles divifent ou fi elles arrêtent le mouvement d'une des parties vitales, celui de toute la machine ceffe, &
la mort s'enfuit; & comme elles

continuent toujours d'agir en détruisant, elles diffolvent en entier
cette maffe de matière, jufqu'à ce
qu'elles ne l'aient réduite à fes
particules primitives. Ainfi les molécules qui compofoient ce corps
ne font pas détruites, elles ne font
que défunies, & recommencent à
errer jufqu'au moment où elles
puiffent fe rejoindre & fe fixer en
formant un nouveau corps. Ces particules féparées, & celles qui n'ont
pu encore s'unir depuis la formation de l'élément, nous environnent de toutes parts, & s'introdui-
fent dans notre propre fubftance,
non-feulement avec les alimens,
mais encore avec l'air que nous refpirons; & c'eft leur effet que l'on
exprime lorfque l'on dit, cet air
eft falubre, ces alimens font fains,
c'eft-à-dire qu'ils nous apportent
des molécules qui peuvent s'affimi-
ler aifément avec celles dont nous
fommes formés; qui n'ont rien de
tranchant, de corrofif, de deftructeur, qui ne peuvent que confer-

ver & rendre plus solide l'assem-
blage de toutes les parties dont notre machine est composée. Un mauvais air, au contraire, des nourritures mal-saines & nuisibles, font
chargées d'atomes aigres, incisifs
ou putrides, & portent dans toute
notre substance ces principes des-
tructeurs, qui ne manquent pas d'en
causer la dissolution, si on en laisse
accumuler le nombre, ou si on n'en
arrête pas les effets.

Quoique nous ne puissions que
conjecturer les suites du mouvement
général établi dans la matière, &
de celui des corps les uns sur les
autres, elles n'en sont pas moins
réelles. Il est démontré que les parties intégrantes des corps solides
ou fluides nous échappent par leur
petitesse ; nos yeux ne sçauroient,
ni par eux-mêmes, ni par le secours
des plus excellens microscopes,
nous rien apprendre de leur figure
ou de leur masse; ce n'est que d'a-
près les propriétés des corps observées dans leurs parties sensi-

bles , c'est-à-dire dans quelques-unes de leurs portions , dont la plus petite contient une infinité de parties intégrantes, que nous conjecturons la figure, le plus ou moins de grosseur de celles-ci , leur égalité, leur homogénéité , & les différences qui règnent entr'elles (*a*). Comme toutes ces parties sont divisibles , & que l'union de celles qui sont homogènes est souvent troublée par l'accession d'autres subtances étrangères , nous concevons les désordres qui peuvent arriver dans les corps , lorsque les molécules hétérogènes s'y mêlent en assez grand nombre pour troubler l'ordre qui naturellement règne entre les molécules similaires , les séparer les unes des autres , & détruire l'harmonie, de laquelle résulte tout corps organisé & capable de remplir certaines fonctions déterminées.

***

(*a*) Mémoires de l'Académie des Sciences, année 1737. Hist. *pag.* 20.

Mais comme l'état de mouvement continuel où est l'élément, agit sur cette partie de matière dont nous sommes formés, & y cause une déperdition certaine des molécules similaires, de la réunion desquelles résulte notre substance, nous sommes dans la nécessité de réparer ces pertes par la nourriture & le repos. Ce qu'il est peut-être plus important de sçavoir, c'est en quelle quantité nous devons les prendre : il n'y a que le sentiment & l'expérience qui puissent nous instruire jusqu'où nous devons porter cette espece de réparation , quelles doivent être nos attentions pour arrêter la dispersion des molécules propres & intégrantes , & pour éviter tout excès nuisible. Je n'entre pas dans un plus grand détail qui n'est pas de mon sujet , mais que l'on peut aisément suppléer.

Ce que je dois ajouter, c'est qu'il y a des germes que l'on peut regarder comme les points où se réunissent les atomes destinés à former les divers corps : le fouverain Maître de la Nature leur a affigné à chacun leurs places & leurs faifons. Ce germe une fois pofé, il en réfulte néceffairement un être quelconque, fi les molécules fimilaires ne trouvent point d'obftacle à leur réunion, & à la perfection du corps qu'elles doivent former. Par exemple, elles s'affemblent pour la formation d'un fruit qui prend d'abord une confiftance affez folide, pour donner lieu dè croire qu'il viendra à fa maturité: un vent froid, un air glacial, multiplient les particules nitreufes & falines dans un même point, elles attaquent les molécules fulfureufes & aqueufes qui retenoient quelques atomes falins & nitreux dans le jufte tempérament où ils devoient être pour la compofition du fruit & fon accroiffement. Ceuxci, fecondés par des atomes fimilaires, font effort pour fe rejoindre les uns aux autres, & arrêter l'action des molécules d'une autre nature, & dans ce choc l'équilibre s'altère, se perd, & le mouvement, ou cesse totalement, ou devient d'une violence d'où s'ensuit une dissolution totale.

Il me semble que cette hypothèse, toute simple qu'elle est, peut donner une idée du méchanisme admirable établi dans l'univers ; on sent que c'est à sa conservation que l'on doit ce bel ordre qui y regne, comme tout désordre ne vient que des altérations qu'il éprouve. C'est à la portion la plus subtile de ces atomes que l'on doit rapporter ce mouvement perpétuel qui anime toute la Nature, qui n'en fait qu'un corps immense dont toutes les parties se correspondent, qui l'entretient & le renouvelle sans cesse, parce que s'il détruit d'un côté, il édifie de l'autre ; puisqu'il est évident que l'ordre général de l'univers ne se conserve que par une succession continuelle de destructions & de reproductions.

Mais pour en revenir aux effets particuliers de ces miafmes répandus dans l'air, & fur-tout dans l'atmofphère de l'Egypte, dans les tems qui fuivent les débordemens du Nil; ce n'eft qu'à leur réunion que l'on doit attribuer ces effets furprenans qui portent tout d'un coup la deftruction & la mort dans les corps les mieux organifés. Ainfi l'on éprouve quelquefois qu'il s'élève des fouterrains jufqu'à une certaine hauteur, des atomes arfénicaux ou fulfureux, qui, raffemblés en maffe, reftent dans un état d'inertie, & ne caufent aucun ravage ; mais à la moindre commotion qu'ils éprouvent, ils femblent fe jetter avec fureur fur le corps même qui les met en action, les divife, & leur donne un mouvement déterminé.

C'eft ce que l'on remarque par rapport aux miafmes peftilentiels répandus dans l'air ou concentrés dans certaines parties de l'atmofphère ; ils s'y confervent des an-

nées entières sans qu'on s'apper-
çoive de leur exiftence, fans même qu'ils agiffent indifféremment
fur tous les individus ; ils ne s'attaquent qu'à ceux qui ont des difpofitions particulières à les recevoir,
fur-tout quand des accidens remarquables ont mis leur tempérament dans un état propre à en
favorifer le développement. Ainfi
dans des temps de contagion ,
ceux qui ont été attaqués des mêmes maladies qui doivent fe renouveller, ont en eux des pronof-
tics qui annoncent leur retour.

M. Boyle rapporte que plus de
trois mois avant que la fameufe
pefte de Londres de 1661 fe fît
fentir, une femme alla confulter
un médecin fur l'état où fe trouvoit fon mari, qui étoit attaqué
d'une enflure incommode aux parties génitales , & qui prétendoit
que très-certainement la pefte re-
paroîtroit l'été prochain à Londres : il en donnoit pour raifon
qu'avant la pefte précédente, il

avoit eu une pareille incommodi-
té. Il ne se trompa point dans sa
prédiction, & les deux épidémies
suivantes, qui ne furent pas aussi
fortes que celle de 1661, lui furent également annoncées par la
même tumeur. Le célèbre chirur-
gien Fabricius Hildanus racontoit
à ce sujet qu'ayant dans sa jeunesse
été attaqué d'un bubon pestilen-
tiel dont il avoit été guéri, long-
temps après, lorsqu'il passoit devant une maison où se trouvoient
des pestiférés, ou qu'il y entroit,
il sentoit ses douleurs se renouveller au même endroit où il avoit
eu le bubon. Un médecin, bon
observateur, qui se trouvoit au
siège de Bréda de 1625, où les
maladies contagieuses furent très-
violentes, & qui lui-même en fut
attaqué, en parle ainsi : La Nature, si on l'écoutoit, avertiroit les
hommes des dangers de la peste,
& les détermineroit à les prévenir. J'ai observé sur moi-même,
que, visitant des pestiférés, aussi-

tôt une odeur forte sortoit de certaines parties de mon corps, de celles qui conservent le plus de chaleur; la tête me faisoit mal ; j'avois une sueur abondante pendant la nuit, qui étoit suivie de quelques déjections : la même chose étoit arrivée à d'autres pestiférés, qui m'en avoient fait un rapport fidèle lorsque je les traitois, & j'en usai à mon égard, de la même manière dont je les traitois (*a*).

Pendant les épidémies marquées & extraordinaires, on est sur ses gardes, on prend des précautions. Il n'en est pas de même des pays tels que l'Egypte, où la peste est endémique : les habitans n'y font presqu'aucune attention , & les étrangers n'attribuent un commencement d'indisposition qu'aux effets de l'air , auquel ils ne font pas habitués : ils ne se trompent

____

(*a*) Boyle, *de cosmicis rerum qualitatibus.*

pas dans leurs conjectures ; mais ils ignorent que ce qu'ils ne prennent que pour un mal accidentel, doit avoir les suites les plus funestes, s'ils ne sont pas attentifs à les prévenir. Dans toute autre région, même dans celles dont la température passe pour être la plus saine, combien n'arrive-t-il pas de dérangemens dans l'état habituel de l'atmosphère ? combien n'y a-t-il pas d'émanations différentes dont on ne se doute pas, que l'étude la plus assidue ne peut que faire soupçonner, & que leurs effets manifestent enfin, tantôt d'une manière, tantôt d'une autre ?

§. XVII.

Déserts d'Afrique. Côtes de la mer Rouge, Barbarie, &c.

Si nous quittons l'Egypte pour parcourir la côte septentrionale de l'Afrique, en allant du nord au couchant, nous trouvons d'abord ces déferts longs & affreux qui s'étendent de la mer Méditerranée à la mer Rouge, dans un efpace immenfe, où l'on ne voit qu'un fable aride & ftérile ; où l'on ne refpire qu'un air étouffant, chargé d'exhalaifons fèches & brûlantes ; où la Nature ne produit rien ; où les vents exercent leur empire avec une fureur étonnante, & couvrent fouvent les malheureux voyageurs qui fe trouvent expofés à leur action, fous des maffes énormes de fable qui les étouffent fur le champ ; où l'on fait quelquefois deux cens lieues fans trouver une feule goutte d'eau.

Cependant il ne faut pas croire que ces vaftes déferts aient toujours été inhabitables : quelque terrible révolution dans cette partie de l'ancien continent, & dont on ne peut fixer la date, & en a entiérement changé la face ; & d'un pays peut-être auffi fertile & auffi riche que l'Egypte, en a fait un défert affreux: Voici ce que je trouve dans Aulu-Gele, & qui me donne lieu de former cette conjecture (*a*).

En parlant des Pfilles, peuple ancien de l'Afrique, qui habitoient autrefois les régions fituées à l'occident & au fud de l'Egypte, & dont il reftoit encore quelques defcendans pendant le regne d'Augufte ... » Il arriva, dit-il après » Hérodote, que le vent du midi » fouffla fi long-temps, & avec » tant de violence, fur la terre des » Pfilles, qu'il en deffécha abfo- » lument toutes les fources, & » qu'il n'y refta pas une goutte » d'eau. Ces peuples en conçu- » rent le plus vif reffentiment con- » tre le vent, & délibérèrent en- » tr'eux de prendre les armes » & de marcher contre le plus » cruel ennemi dont ils euffent en-

(*a*) *Aulu-Gel. noct. atticarum*, *lib.* 16, *cap.* 11.

» core éprouvé la violence, pour
» le forcer, par le droit de la
» guerre, à leur reſtituer leurs
» ſources. Ils partirent en effet,
» mais le vent du midi continuant
» de ſouffler avec plus de fureur
» encore, les couvrit de ſables
» brûlans ſous leſquels ils périrent
» tous. Ainſi fut anéanti ce peu-
» ple (*a*) ». Cette tradition, quoi-

(*a*) On prétend qu'il ſubſiſte encore dans ce même pays quelques-uns des deſcen-dans des Pſilles, de ces hommes qui avoient le privilège ſingulier de prendre avec leurs mains les vipères les plus veni-meuſes, de jouer avec elles, de les mettre dans leur ſein, d'en faire tout ce qu'il leur plaiſoit, ſans leur avoir arraché la dent à laquelle le venin eſt attaché, & ſur-tout de guérir de leurs bleſſures: fait extraor-dinaire, rapporté par les anciens, que les modernes avoient regardé comme fabu-leux, & dont un voyageur vient tout nouvellement de conſtater la vérité . . . . .
» Une femme de cette nation, dit-il, vou-
» lant mettre ces animaux venimeux dans
» la bouteille qui leur étoit deſtinée, elle
» les prit avec les mains, & les mania

que fabuleuse, doit certainement
son origine à quelque événement
réel. On remarque encore dans ces
vastes contrées des vestiges de lits

» comme elle auroit manié un lacet. Les
» vipères officinales furent celles qui lui
» causèrent le plus d'embarras : elles n'a-
» voient point d'envie d'entrer dans la
» bouteille : elles en sortirent avant qu'on
» l'eût bouchée, & grimpèrent le long du
» bras de cette femme sans qu'elle témoigna
» la moindre crainte. Elle les saisit tran-
» quillement par le milieu du corps, & les
» mit dans l'endroit qui devoit leur servir
» de tombeau. Elle avoit pris ces serpens
» dans les champs avec la même facilité
» qu'elle le fit devant nous, ainsi que nous
» le dit l'Arabe qui nous l'avoit amenée.
» Je suis persuadé qu'elle avoit un secret
» pour manier aussi impunément ces ani-
» maux mal-faisans, mais il me fut im-
» possible de le lui arracher ; elle ne dai-
» gna pas seulement ouvrir les lèvres « . . .
L'auteur ajoute qu'il est étonnant que ce
secret soit resté caché plus de deux mille
ans ; on m'a parlé, dit-il ensuite, d'une
plante avec laquelle les Psilles ont soin
de se froter avant que de toucher les serpens, mais comme on n'a pu me la dé-

de rivières , & des torrens defféchés ; c'eft-là feulement que l'on
trouve quelques buiffons & quelques plantes fort maigres, & nous
en apprenons au moins confufé-
ment, qu'elles ont été autrefois
auffi fertiles peut-être, que les terres d'Afrique , qui jouiffent encore de cet avantage. Si jamais le

crire, je regarde ce qu'on en dit comme
fabuleux. . . . . Ce raifonnement n'eft pas
concluant, dès qu'il a dit plus haut que
c'eft un fecret auquel ces peuples font in-
violablement attachés , & que jamais ils
n'ont découvert. . . . . (*a*).

Lorfque Caton fut obligé de fe retirer
dans les déferts de Libie , il menoit avec
lui de ces hommes » qu'on appelle en Afri-
» que les Pfilles, lefquels guériffent les
» morfures des ferpens, en fucent le ve-
» nin avec la bouche, charment & en-
» chantent les ferpens même, de manière
» qu'ils les rendent comme évanouis, &
» n'ayant aucun pouvoir de faire mal «.
Voilà ce que Plutarque nous en apprend
dans la vie de Caton d'Utique, qui eft
conforme au récit du voyageur moderne.

(*a*) Voyage dans le levant , par Haffelquift ,
Paris , 1769.

Nil cessoit de fertiliser l'Egypte, le sol de cette grande province, naturellement aride & léger, seroit bientôt converti en une vaste plaine sablonneuse & stérile, que l'on seroit forcé d'abandonner.

Les changemens arrivés sur le globe depuis le temps que l'histoire, ou même les traditions fabuleuses, nous ont conservé quelque mémoire des événements, sont peu considérables; car qu'est-ce que le desert de Sahara, comparé seulement au reste de l'Afrique? Mais de là nous pouvons imaginer ceux que des temps plus longs peuvent causer dans cette partie du monde, dont le sol est en général le plus léger, le plus mobile, & le plus sec que l'on connoisse dans le reste de l'univers. Les relations des voyageurs les plus exacts nous donneront des idées encore plus précises sur l'état de ce pays, sur les révolutions qui l'ont bouleversé, & celles que l'on peut prévoir pour l'avenir.

Dans

Dans les déserts de Barca est
le Rassem ou pays pétrifié, où
l'on trouve, dit-on, des hommes,
des femmes & des enfans en diverses attitudes, qui ont été pétri-
fiés avec leur bétail, leurs alimens,
& même leurs ustensiles (*a*). Ne
sont-ce pas des restes de ces malheureux Psilles, engloutis sous quelque masse mouvante d'un sable
fin dont ils ont été environnés de
toutes parts, & qui, par la suite
des tems, a contracté une humidité assez considérable pour les pénétrer de ses parties les plus fines,
& les pétrifier entiérement ?

Ajoutons encore qu'à quelques
journées du Nil, du côté de la
Libie, & dans les déserts qui confinent au couchant de l'Egypte, on
trouve les ruines de plusieurs villes considérables : les sables sous
lesquels elles furent ensevelies,
ont conservé les fondemens, &

_____

(*a*) Voyages de Shaw, tom. 2.

même une partie des édifices, des
tours & des forteresses dont elles
étoient accompagnées ; & comme
dans ces climats il ne pleut jamais,
ou du moins fort peu & très-rarement, il y a apparence que ces vestiges y subsisteront encore pendant
une longue suite de siècles. Ces
villes détruites sont placées à-peu-
près sur une même ligne, du nord
au sud de la Méditerranée, vers la
Nubie ; leur distance entr'elles est
d'une, de deux, & quelquefois
de trois journées (a). Si ce récit
est vrai , il ne faut pas chercher ailleurs la cause de la ruine
de ces villes , que dans les sables qui les ont successivement
comblées, au point que l'on a été
forcé de les abandonner. Si ce pays
n'étoit pas plongé dans l'ignorance
la plus profonde, peut-être ne faudroit-il pas remonter bien haut
pour trouver la date de ces inon-

____

(a) Telliamed , entretien 4.

dations, aussi terribles qu'elles sont singulières, & du transport de ces montagnes de sables d'un lieu à un autre.

Dans ces régions arides, la Nature échauffée par un soleil ardent, privée de tout rafraîchissement, dépouillée de son humide radical, est dans un état de mouvement inconcevable : des amas immenses d'une matière lourde par elle-même, sont violemment agités, & semblent se mouvoir au gré du feu, qui les pénètre, sur toute la surface de ces déserts : des vents suffoquans, que la chaleur insupportable qui les accompagne, persuade être un souffle brûlant, un feu invisible, font de cette vaste étendue de sable une fournaise ardente, où le voyageur est dévoré; les chameaux, quelqu'habitués qu'ils soient à la fatigue, ne peuvent résister à l'action de ces vents, & périssent. Il se forme, dans le milieu de ces plaines, des ouragans impétueux, qui donnent une espece de flux & de reflux à ces masses de sable dont elles sont couvertes : le sol s'éleve de toutes parts, le tourbillon l'emporte, & cache la lumière du jour par ces nuages épais propres à ce pays, & capables d'accabler sous leur poids les corps les plus solides, à plus forte raison d'ensevelir les hommes & les animaux, & même de faire périr des caravanes entières. Si quelque malheureux échappe à la violence de ces orages furieux, il ne peut résister à la soif ardente & à l'air brûlant qu'il respire. On dit que l'on voit encore dans les déserts d'Aracan deux tombeaux, avec des inscriptions qui apprennent que ceux qui y sont enterrés étoient un riche marchand & un pauvre carrier, qui tous les deux moururent de soif, & dont le premier avoit donné dix mille ducats pour une cruche deau (a).

_____

(a) Géographie moderne de Gordon, in-8º. *Paris*, 1748.

D'autres prolongent leur vie en tuant leurs chameaux, & en buvant l'eau qu'ils trouvent dans leur eſtomac ; ces animaux n'étant ſi long-temps ſans boire, que parce qu'ils prennent à la fois une ſi grande quantité d'eau, qu'elle leur ſuffit pour quatorze ou quinze jours.

Il ſemble que la mer fourniſſe la matière brûlante & mobile qui couvre ces plaines arides. Auprès de Bovadore, à l'oueſt du déſert, à peu de diſtance du tropique au nord, il règne le long de la côte des bancs de ſable parmi leſquels il y a un courant ſi fort, que l'eau, qui y eſt fort agitée, & ſe mêle avec le ſable, non-ſeulement reſſemble à de la ſaumure, mais auſſi s'élève à une hauteur extraordinaire. Ces ſables, emportés par le flux, & chaſſés par les vents impétueux du couchant, forment d'abord des dunes qui ont quelque conſiſtence, mais qui, bientôt dépouillées de l'humide qui les uniſſoit, ſe répandent au loin dans la plaine, & y établissent de nouvelles causes de stérilité.

A l'est du désert, sur les côtes de la mer Rouge, ce même sable est le jouet des vents, qui le transportent ou dans les mers voisines, ou d'un lieu à un autre. Dans les temps d'orage, on voit le sable enlevé dans les airs se répandre comme une fumée épaisse. On lit dans la relation d'un voyage fait sur ces côtes en 1541, qu'au mois d'Avril, après une tempête & des vents incertains, dont la mer avoit été agitée avec violence & par secousses, qui sembloient enlever les eaux perpendiculairement du fond de la mer à sa surface, il vint de l'est & de l'est-nord-est, des vapeurs si ardentes, qu'elles brûloient comme des flammes. Les nuées de sable & de poussière qui s'étoient élevées du rivage, changeoient de place sans perdre leur forme, & sembloient se promener dans l'air; quelquefois elles étoient repoussées des mêmes côtés par plusieurs vents contraires, & retombant enfin dans la mer, elles s'agitoient encore quelque-temps fur fa furface (*a*). C'eft cette légèreté de terrain & fa grande aridité qui font caufe que les vents ont tant de prife fur lui, & changent fi aifément la face de ces contrées. Ils tranf-portent les fables à de grandes dif-tances, & jufqu'à plufieurs lieues dans la mer, où ils les amoncè-lent en fi grande quantité, qu'ils y forment à la longue des bancs, des dunes & des ifles.

Ces phénomènes, qui fe renou-vellent tous les jours, nous met-tent en état de former les conjec-tures les plus vraifemblables fur ce qui eft arrivé dans les fiècles les plus reculés, & établir les vérités phyfiques d'où quelques fables po-pulaires, telles que celle que nous avons citée au fujet des Pfilles,

---

(*a*) Hiftoire générale des Voyages, *tom.* I, *édit. in-4°.*

ont tiré leur origine : ils nous apprennent encore ce que font devenues tant de villes dont l'Afrique étoit peuplée dans le commencement de l'ère chrétienne, & dont il ne reste aucun vestige, non plus que des peuples qui les ont habitées. Que de monumens d'antiquité ne trouveroit-on pas sous les sables & dans ces déserts, s'il étoit possible de s'y arrêter assez long-temps pour y faire des recherches fructueuses.

On a nouvellement imaginé que ces déserts pouvoient avoir quelque utilité, relativement au reste du globe. On prétend qu'ils sont, à l'égard de la terre habitable, ce que sont les places & les quartiers dans les grandes villes, qui n'existent que pour conserver à l'air la pureté qu'il perdroit, peut-être, si tout étoit également habité. Il se peut que ces vastes bancs de sable, qui s'étendent du fond de l'Afrique jusque bien avant dans l'Asie, aient leur utilité par rap-

port à la vie, soit qu'ils forment
des vuides où l'atmosphère recou-
vre son élasticité, & d'autres qualités qui pourroient s'altérer, si
tout étoit également plein ; ou
qu'ils soient nécessaires pour ren-
voyer avec plus d'éclat la lumière
destinée à éclairer le monde.....
On peut regarder ces idées comme
plus nouvelles que vraisemblables.
(*Voyez la Théorie du systéme animal,* 1768.)

Cependant c'est dans ces climats
horribles; où, sous un ciel de fer,
le sol ne produit ni plantes, ni
fruits, ni graines, où l'on ne
trouve quelques puits d'une eau
désagréable à boire, qu'à une grande
distance les uns des autres, qu'habitent les Berebères ou Arabes va-
gabonds, hommes ignorans, grossiers & sauvages, qui ressemblent
plutôt à des brutes qu'à des créatures raisonnables. Ils sont de petite taille, leur voix est grêle &
aiguë, leurs cheveux noirs & longs,
& leur peau fort basanée ; la cha-

T v

leur du climat & la misère, sont cause qu'ils vont presque nuds, & on est
étonné comment ils peuvent sub-
venir aux besoins les plus pressans
d'une vie si misérable, & sur-tout
de ce qu'ils trouvent quelque agrément dans cette terrible position.
Ils se croient tous descendans de
ces anciens Berebères, peuple jadis
très-belliqueux, qui passa de l'A-
rabie heureuse en Afrique, & ils
se regardent chacuns comme autant
de princes tout - à - fait indépen-
dans : la chimère de leur noblesse
& l'idée de leur liberté, les tient
constamment attachés à un pays
dont personne ne leur disputera
la possession, & où ils n'ont pour
toute ressource, que quelques troupeaux de chèvres qu'ils font continuellement occupés à défendre
des attaques des tigres & des
lions, au milieu desquels ils vivent, & dont il semble qu'ils
aient pris la férocité & l'amour du
butin. Sans foi & sans humanité,
même les uns à l'égard des au-

tres, ils ne se rassemblent que pour dépouiller les caravanes qu'ils prévoient devoir passer dans le désert. Le seul avantage de la Nature dont ils jouissent, est de vivre dans un air fort sain, quoique sec & chaud, ce qu'ils doivent à l'action des vents, qui tiennent dans un mouvement continuel leur atmosphère brûlante.

Le Lempta, vaste contrée du désert immense de Sahara, est une solitude affreuse qui manque de tout ce qui est nécessaire à la vie ; la faim dévorante & une soif continuelle semblent être les productions de ses champs toujours stériles : l'air y est sec & absorbant ; on y trouve quelques hommes féroces & brutaux, sans liaison entr'eux, toujours occupés à se prévenir mutuellement sur l'intérêt de quelques chasses, ou à se défendre des attaques des animaux les plus terribles : on prétend que ce sont les plus sauvages & les plus malheu-

reux de tous les hommes. En un
mot, on peut conjecturer que la
plus grande partie des régions inconnues de cette partie de l'Afrique, font les terres les plus dures
du monde, où l'on ne refpire qu'un
air brûlant, où la fécherelfe arrête les progrès de la végétation
dans leur naiffance & en détruit
les germes, enfin des mers d'un
fable mouvant fur lefquelles il n'eft
pas poffible d'avoir des relations
exactes. Aucun intérêt de commerce ne peut y conduire ; le peu
de plaifir qu'il y a d'aller dans ces
contrées ardentes, doit en éloigner
tout obfervateur intelligent. Ne
faudroit-il pas être pouffé par une
curiofité bien vive, pour la fatisfaire, au hazard d'être enfeveli fous
un nuage de fables, de périr fous
les dents d'une bête féroce, ou
faute d'un verre d'eau, que tous
les tréfors du monde ne peuvent
pas procurer dans ces déferts brû-
lants, fi l'on a le malheur d'y

manquer de provifions, ou de s'é-
loigner de la route qui conduit à
des pays plus heureux.

Quelque fertiles que foient les
provinces fituées fur la côte feptentrionale de l'Afrique, de l'E-
gypte, au détroit de Gibraltar,
toutes les terres font fans humidité intérieure; quelques pluies peu
fréquentes, & des rofées fort abondantes entretenuës par les vapeurs
que l'atmofphère reçoit du voifi-
nage de la mer, humectent la furface du fol à peu de profondeur;
mais comme ce rafraîchiffement eft
continuel, il fuffit à la nourriture
de cette quantité prodigieufe de
blez que l'on y recueille, & qui font
la reffource de toute l'Europe méridionale, dans les temps de difet-
te. Les terres y font naturellement fi
arides, que les habitans de Barbarie n'ont d'autres magafins pour
conferver leurs bleds que des efpèces de puits affez profonds, revêtus
de planches ou de nattes, ou même
de fimples pailles, qu'ils remplif-

sent de bled, & qui s'y conserve très-long-temps sans éprouver aucune altération ; ces puits sont étroits à leur ouverture, & fort larges par le bas, de sorte que, quand une fois ils sont pleins & exactement fermés par le dessus, l'air extérieur n'a plus aucune action sur les bleds, qui dès-lors ne peuvent pas se corrompre, s'ils ont été recueillis dans une saison sèche & chaude. Cette aridité n'empêche pas que la température de ces provinces ne soit assez agréable, & que l'air en général n'y soit fort sain. Dans la Barbarie il est plus tempéré que dans tout le reste de l'Afrique, & le sol y est très-fertile, quoique rempli de montagnes & de bois du côté de la Méditerranée ; on y nourrit d'excellens chevaux, sur-tout dans les états d'Alger & de Maroc. Dans le Bilédulgérid ou ancienne Numidie, l'air est plus chaud, sans pour cela être plus mal-sain ; les terres hautes sont presque toutes ſtériles; mais on recueille dans les plaines du bled & des dattes en abondance, parce qu'elles ſont ar-roſées par une rivière dont la ſource eſt au Mont Atlas, & dont les eaux ſont toujours chaudes. Tout ce pays eſt habité par les Maures, peuple naturellement fort baſanné, dont la couleur, plus ou moins rude, répond toujours à la température de l'air, & au plus ou moins d'aiſance dans laquelle il vit. Les Maures qui ſont errans dans la campagne, & qui forment un peuple libre & indépendant, ſont petits, maigres, de fort mau-vaiſe mine, & très-noirs, ſans ce-pendant avoir aucuns de ces traits qui ſont ordinaires aux nègres ; c'eſt une autre race d'hommes qui ont beaucoup d'eſprit, de fineſſe & d'activité. Leur pays, moins affreux que les déſerts de Sahara, eſt ſi ſtérile & ſi ſec, qu'on n'y trouve de la verdure qu'en très-peu d'endroits. Les habitans de Cabez, ville du royaume de Tu-

nis, fur la Méditerranée, au trente-
troifième degré quarante minutes
de latitude, font pauvres & fort
noirs : ceux de la province du
Dahra, au royaume de Maroc,
font très-bafannés, tandis que ceux
de Zahrou & des montagnes de
Fez, du côté de l'Atlas, font auffi
blancs que les Européens du milieu
de la zone tempérée, parce que
l'air y eft moins chaud que dans
les plaines dont nous venons de
parler, & que, pendant une partie de l'année, les montagnes qu'ils
habitent font couvertes de neiges
& de glaces ; ils font fi bien habitués à cette température, qu'ils
s'habillent auffi légérement que les
peuples des climats les plus chauds
de l'Afrique feptentrionale, & vont
toujours la tête nue. La plupart des
terres cultivées dans ces montagnes font une grande partie de l'année couvertes de neiges, qui cependant ne nuit pas à leur fertilité. Le blé y croît fous la neige
à mefure qu'elle fond ; les tuyaux

s'élèvent de façon que les grains mûrissent presqu'aussi-tôt que les terres sont découvertes, & que la durée du froid ne retarde pas le temps des récoltes ; ce que l'on doit attribuer à la disposition générale de l'air & du sol de l'Afrique, qui est plus constamment sèche & chaude, que froide & humide.

Tous les voyageurs assurent que la plupart des femmes Maures sont belles, & que leurs enfans ont le plus beau teint du monde, & le corps fort blanc ; mais que les hommes, qui sont exposés à l'air & au soleil, brunissent bientôt, sans que pour cela la régularité de leurs traits en soit altérée ; que les filles & les femmes, qui restent à la maison ou sous des tentes, conservent leur beauté & leurs agrémens jusqu'à trente ans, qu'elles cessent d'avoir des enfans ; elles commencent alors à vieillir, & sont plus long-temps dans cet état que dans celui de la jeunesse &

de ſes avantages : on ſent qu'il y a
toujours des exceptions à faire à ces
propoſitions générales, & que l'on
peut trouver des familles entières
qui ne répondent pas à l'idée que
l'on peut s'en faire ſur les réla-
tions; il ſuffit que le gros de la
nation y ſoit conforme, pour que
l'on doive compter ſur leur exactitude.

Il paroît donc conſtant que les
qualités de l'air & du ſol, la chaleur ou la ſéchereſſe, & le climat en général, influent beaucoup
ſur la couleur des hommes; il ne
faut cependant pas tout attribuer
à ces cauſes principales; on doit
y en joindre quelques autres qui
agiſſent ſur la forme du corps, la
douceur ou la groſſièreté des traits :
ainſi la nourriture, les mœurs &
la manière de vivre, le plus ou
moins de peine, la richeſſe du pays
ou ſa pauvreté, n'y influent pas
moins. Les obſervations que nous
avons faites juſqu'à préſent, celles
que nous ferons dans la ſuite,

se réuniront pour persuader qu'un peuple policé, qui vit dans une certaine aisance, accoutumé à une vie réglée, douce & tranquille, ne manquant pas des choses de né- cessité première, & à l'abri des ef- fets de la misère, est, par cette raison, composé d'hommes plus beaux, plus forts & mieux faits, qu'une nation sauvage & indépen- dante, où chacun est obligé de s'é- puiser de travaux pour fournir à sa propre subsistance, de souffrir souvent la faim ou de se conten- ter d'une nourriture mal-saine, & d'éprouver toutes les rigueurs des saisons sans pouvoir s'en garantir. Que l'on suppose ces peuples sous un même climat, ceux de la na- tion sauvage seront plus basannés, plus laids, plus petits que ceux de la nation policée. On objectera peut-être que l'on ne trouve parmi les Sauvages aucun individu dé- fectueux ou contrefait : mais dans un peuple sauvage ceux qui naif- sent ainsi, ou deviennent tels par accident, ceſſent bientôt d'exiſter: au lieu que chez les peuples po-licés, ils ont droit de vivre & de multiplier comme les autres ; & une race d'hommes une fois aba-tardie, ne produit plus que des créatures difformes & groſſières, dans leſquelles la figure humaine ſe conſerve, mais ſans agrémens, ſans aucun trait de beauté. Com-bien de familles dans nos provin-ces, & même de villages entiers, ſont remarquables par leur laideur & la ſingularité de leur taille & de leurs traits ? N'y a-t-il pas une différence ſenſible entre les habi-tans des campagnes & ceux qui vivent plus aiſément dans les gran-des villes ? entre ceux qui habitent des pays de montagnes ſèches & arides ; qui n'arrachent qu'à force de travaux d'une terre ingrate, une ſubſiſtance groſſière, & ceux des plaines riches & fertiles ? Les uns ſont plus forts, mais ils ont les traits durs & groſſiers, le teint rude & halé ; ſi leurs enfans naiſ-

fent avec quelques agrémens dans
la figure, ils les perdent bientôt;
la dureté du climat les enlaidit,
& la force du travail les rend fouvent contrefaits; tandis que les autres font conftamment plus beaux,
mieux faits, plus grands, ont
une phyfionomie plus gaie & plus
ouverte. Que l'on compare les
payfans de la Savoie, des Alpes,
& de quelques parties de l'Apennin, avec ceux des riches contrées
du Piémont, de Parme & de l'é-
tat de Venife, on fentira la différence que met entre les uns &
les autres l'état d'aifance, la qualité des nourritures, celle même
des eaux; & l'on verra que les
hommes, ainfi que les animaux &
les plantes, tiennent du fol auquel ils font attachés, & de la
température dans laquelle ils vivent.

§. XVIII.

Températures diverses, com-parées.

Jufqu'ici nous n'avons parlé des variations de l'air que par rapport aux régions fituées fous l'équateur & la zone torride ; dans ces climats que le foleil éclaire continuellement, où fes rayons ne ceffent d'échauffer la furface du globe, & la maffe de l'air qui l'environne ; où cet agent principal déploie fon activité avec une force que l'on chercheroit en vain dans les autres parties de la terre ; où la Nature toujours nouvelle, étale fans ceffe les fruits de fa fécondité, avec une abondance qui étonne. Quelques régions de l'Amérique feptentrionale que nous avons parcourues enfuite, nous ont fucceffivement préfenté des qualités tout-à-fait différentes dans leur at-

mofphère ; des hivers qui les en-
chaînent fous leurs glaces ; quelques productions qu'il faut, en
quelque forte, dérober à la fureur
des vents & à la rigueur du froid;
des pays prefque inhabitables, quoique fous une latitude qui répond
à celle des climats les plus agréables de la zone tempérée en Afie,
& en Europe. Enfuite nous avons
jetté un coup d'œil rapide fur le
climat aride & brûlant de l'Afrique, où, pour quelques régions qui
jouiffent d'une température douce
& égale, nous avons remarqué des
efpaces immenfes defféchés par les
ardeurs d'un foleil brûlant, ftériles
& déferts, plus remarquables par
les phénomènes étonnans, particuliers à l'air & au fol de cette
partie du monde, que par les agrémens variés & la fertilité prodigieufe que l'on admire fous les
mêmes latitudes, dans les Indes occidentales & orientales.

A préfent, il faut paffer de ces
régions ardentes où toute la Nature

en mouvement feroit bientôt épuifée, fi elle ne fe renouvelloit fans
ceffe par les mêmes caufes qui femblent le plus contribuer à fon épui-
fement, fi elle n'en recevoit autant
qu'elles lui font perdre ; il faut,
dis-je, paffer de l'équateur & de la
zone torride aux zones glaciales,
aux terres polaires, & y confidérer les
variations qui arrivent dans les qualités effentielles de l'air. C'eft la route
qui m'a paru la plus fûre pour arriver à une théorie certaine de l'air,
relativement aux climats de la zone
tempérée que nous habitons ; où
nous éprouvons alternativement les
froids les plus piquans , & les chaleurs les plus vives : ainfi nous par-
viendrons à développer quelques-
uns de ces fecrets de la Nature,
qui ne nous étonnent que parce
que nous ne les étudions pas. Nous
verrons que ces hazards qui nous
femblent inopinés, font un ordre
qui fe dérobe à nos foibles regards,
que le défordre des éléments eft une
harmonie fublime que nous ne
comprenons

comprenons pas. La Nature une
fois connue, les phénomènes n'ont
plus rien de furprenant ; ces variations fubites & étonnantes dans la
température de l'air font néceffaires. Le tonnerre , la grêle & les
éclairs, doivent réfulter d'une certaine combinaifon des vapeurs &
des exhalaifons : la foudre elle-
même n'a prefque plus rien d'effrayant ; car il n'eft pas impoffible
de prévoir le moment de fa chûte ,
& de fe mettre à l'abri de fes
coups.

Mais avant que d'entrer dans
les régions glacées du nord, il faut
donner un nouveau développement
aux principes que nous avons établis fur les caufes des qualités diverfes de l'atmofphère , voir fi
elles ne doivent leur exiftence qu'à
l'action feule du foleil , & fi la
terre, par fes émanations, n'y contribue pour rien,

Les régions les plus feptentrionales font , par rapport à l'éloignement du foleil & à fon influence,

dans la même position que nous sommes dans nos climats tempérés, relativement à cet astre dans le cours de l'hiver. Alors le soleil, quoique beaucoup plus voisin de notre globe qu'en été, est si peu élevé sur notre horison, éclaire nos climats si obliquement & si peu de temps, que nous ne recevons de ses rayons qu'une foible chaleur qui ne suffit plus à la végétation, & entretient à peine le cours du fluide éthérée, répandu dans la Nature qu'il anime. Les rayons du soleil, à raison de cette obliquité, sont obligés de traverser un plus long espace de l'atmosphère, dont la densité propre à cette saison en éteint la plus grande partie, & les autres ne font, pour ainsi dire, que glisser sur la surface de la terre, & ne font sensibles que dans les calmes, rares à cette saison, pendant lesquels les vapeurs répandues dans l'atmosphère, réfléchissent quelques-uns de ces rayons, & en rendent la chaleur un peu plus active;

ajoutons encore que les ombres étant plus étendues & plus multipliées, c'est autant de portions de la terre privées de la chaleur du soleil, où le froid se maintient, & d'où il se répand sur les autres.

Cependant la terre conserve toujours une chaleur interne : ce n'est pas celle qu'elle peut avoir reçue du soleil pendant l'été ; on sçait par expérience qu'elle se fait sentir à peine à trois pieds de profondeur, dans les terrains les plus légers. Presque par-tout on peut garder de la glace à quatre pieds sous terre ; dans plusieurs plaines de la Chine, dont la latitude répond à celle du Portugal & de la Sicile, & plus communément encore dans la Tartarie, on trouve des mottes de terre gelées & des glaçons, même dans les mois de Juillet & d'Août, à moins de quatre pieds de profondeur ; nos glacières ordinaires n'en ont pas plus de douze, & ne sont pas privées de toute communication avec l'air extérieur (*a*). Ce n'est donc pas à l'action du soleil que l'on doit attribuer la chaleur que l'on ressent dans les caves les plus profondes, & dans les mines, quelquefois à plus de deux mille pieds de la terre,

On ne doit pas plus attribuer cette chaleur au feu central, admis par les anciens, pour expliquer tous les phénomènes qui les embarrassoient, & dont ils regardoient les volcans comme les soupiraux. Une multitude d'expériences ont anéanti cette vieille erreur. Ce feu devroit être perpétuel, & les volcans brûler toujours; ce qui est démontré faux par la connoissance qu'on en a. Ils n'existent que parce que la terre renferme dans ses entrailles, des matières dont le mélange humecté à un certain degré, fermente, s'échauffe, s'enflamme en

____

(*a*) Mémoires pour servir à l'Histoire Physique de la terre, par M. le Cat.

fin, & devient souvent capable de
détonner avec le bruit le plus terrible, & d'ébranler par son action sur
les parois des cavités qui le renferment, toutes les parties du globe
qui l'avoisinent. On est parvenu
dans ces derniers temps à faire de
petits volcans artificiels, qui nous
ont démontré tout le méchanisme
de ces phénomènes effrayans, &
ont dissipé toute la terreur qu'ils
inspiroient. Avec une pâte composée de portions égales de limaille
de fer & de soufre, du poids d'environ trente livres, enterrée à un
pied de profondeur par un jour
clair & serein, M. Lemery a fait
un petit volcan dont les mouvemens, la fermentation & l'éruption se rapportoient entièrement
aux phénomènes les plus terribles
des volcans les plus furieux. Il y a
donc dans l'intérieur de la terre un
agent assez actif pour mettre en
mouvement les matières inflammables, & causer des révolutions
sensibles dans les endroits où elles

se trouvent rassemblées en plus grande quantité qu'ailleurs ; agent qui , dans l'expérience que nous venons de rapporter , est remplacé par le soleil , mais dont la matière est différente de celle de la lumière , & qui , par ses effets , s'annonce pour être celle du feu , ou au moins le principe de l'inflammation.

Cette matière ne peut être que l'éther , & il n'exerce cette propriété distinctive qu'autant qu'il est uni à d'autres substances qui le resserrent & l'enveloppent. De quelque manière que cela arrive , l'effet prouve que la cause est telle qu'on la suppose. D'habiles chymistes ont reconnu , par une analyse fort exacte , que cette enveloppe se fait par le moyen des particules salines ou nitreuses , & surtout de celles-ci, dont les filamens lanugineux se réunissent autour de l'éther , & forment un volume compressible & élastique, qui , à raison de sa superficie ronde &

caverneuse, est extrêmement léger
& volatil. Cet éther se trouve répandu dans l'air, l'eau & la terre,
où il circule ; les sels qui se trouvent à sa rencontre l'arrêtent, le
fixent, le renferment & forment
les particules sulfureuses ou inflammables, qui, resserrées par un
principe de condensation, pénètrent dans tous les corps fossiles,
végétaux ou animaux, & les rendent inflammables, ou au moins
susceptibles de recevoir la chaleur,
de la conserver & de la rendre
ensuite. Ces particules sulfureuses s'échauffent & s'enflamment,
quand d'autres corps les agitent ou
les froissent, & ce mouvement accéléré cause la désunion de leur
substance : par cette dissolution,
l'éther, qui étoit stagnant au milieu de ces particules bien unies
par la condensation, qui n'y avoit
qu'une force morte ou un mouvement à peine sensible, sort, &
dans son éruption, s'unissant à
d'autres parties d'éther libre, il

V iv

commence à mettre dans une agitation plus vive les sels & les autres matières plus grossières auxquelles il est uni, & qui, de leur nature, ne sont pas inflammables. Ce mouvement accéléré & de tourbillon produit la chaleur, non par rapport à cette sensation dont nous sommes susceptibles, mais relativement à la disposition du sujet, dans lequel nous pouvons supposer cette chaleur, qui est l'effet du mouvement. Si, lors de cet écoulement, les particules sulfureuses se trouvent comprimées par le poids de l'atmosphère ou par quelqu'autre cause qui les tienne unies les unes aux autres, ou elles s'élèvent insensiblement au-dessus, sans y causer aucun changement sensible, ou elles se répandent dans la masse qu'elles échauffent, ou dont au moins elles augmentent le mouvement. Si ces particules se réunissent au point de former un volume considérable, il peut arriver qu'elles produisent un feu senfible, une flamme brillante qui, fouvent, eft affez raréfiée pour ne fe montrer que fous l'apparence d'une fumée légère, tranfparente & lumineufe. Dans les régions du nord, c'eft la matière des aurores boréales, ou des éclairs, des feux folets, des fufées ou étoiles tombantes, des lumières extraordinaires, & des autres météores de ce genre, fort communs dans nos climats tempérés.

La chaleur, le feu, la flamme, la fumée, ne font donc que différens effets du même principe, de l'éther qui communique un mouvement de tourbillon plus ou moins violent aux fels, aux foufres & aux nitres, & qui, dans ce mouvement, leur refte uni, ou s'en fépare. La chaleur & le feu ne font donc pas toujours accompagnés de la lumière, & quoiqu'ils aient un même principe, ils peuvent exifter féparément l'un de l'autre. La fumée la plus denfe & la plus obfcure eft fouvent fi chaude, ou plu-

V v

tôt a des caufes fi prochaines d'inflammation, que non-feulement on
voit des étincelles ou aigrettes lumineufes qui fe développent dans
fon cours, mais que la flamme
la plus légère venant à faciliter
le développement de l'éther,
caufe de fon mouvement, elle
devient lumineufe & brillante,
flamme en un mot, parce que
les corpufcules fulfureux & inflammables fe réuniffent auffi-tôt au
centre du mouvement que la flamme a établi dans la colonne de fumée. Une barre de fer, l'inftant d'a-
près qu'on l'a tirée de la fournaife, bien qu'entièrement pénétrée
de la matière ignée, ne rend aucune lumière dans les ténèbres, &
ne laiffe pas de brûler très-promptement les corps dont on l'approche: pour lui rendre fon éclat, il
faut la rejoindre au principe d'où
elle a tiré fa chaleur, & mettre
dans un degré plus confidérable de
raréfaction, le fluide ignée que le
contact immédiat d'un air plus

froid condenfe & enveloppe dans la nouvelle atmofphère, dont il l'entoure à l'inftant qu'elle fort de la fournaife.

Ainfi la flamme eft toujours accompagnée d'une lumière fenfible, parce que l'éther, caufe de fon mouvement, ne fert en quelque manière qu'à développer le phlogiftique abondant qui l'entretient & la nourrit. Ce phlogiftique agiffant fur une plus grande furface de l'atmofphère que l'éther, ou le fluide fubtil, y caufe un plus grand mouvement de tourbillon, qui raffemble toutes les particules lumineufes difperfées dans le vague de l'air, & fi fubtiles que dans cet état de difperfion, elles ne peuvent caufer aucune fenfation : voilà pourquoi la flamme eft toujours lumineufe. Mais la fubftance de la lumière peut être fi ténue, fi fubtile, c'eft-à-dire que le mouvement de vibration de l'éther fera fi petit, à raifon de fa fubtilité, qu'il n'aura plus aucune

V vj

action sur l'organe de la vue : telle doit être la ténuité extrême des étincelles ou particules lumineuses répandues dans l'air le plus obscur ; elles nous sont absolument insensibles, tandis qu'il n'en est pas de même de tant d'animaux, qui, par la délicatesse des fibres de la rétine, & la grande dilatation de la pupille, en sentent toute l'impression.

Ce que je viens de dire de l'action de l'éther sur la lumière, peut servir de même à expliquer son action par rapport à la chaleur : c'est le même méchanisme, qui est également propre à nous faire concevoir la cause des températures variées de l'atmosphère, dans les différentes parties de la terre. La quantité du mouvement étant en raison composée des masses & des vîtesses, ou de leur quarré, & les vîtesses données étant comme les masses, il est clair que supposant une certaine vîtesse dans l'éther, l'action de la chaleur sur les corps ou

fur nos fens, fera en proportion
avec la maffe du phlogiftique ou
des particules fulfureufes; ainfi le
feu ou la flamme auront d'autant
moins de chaleur, que les corpufcules nitreux, falins ou fulfureux,
& les exhalaifons terreftres, de
quelque efpèce qu'on les fuppofe,
mues par un éther libre & très-ac-
tif, feront ou très-atténuées &
dans une petite quantité, ou étroi-
tement unies à d'autres matières
qui ne font pas inflammables; au
contraire le feu & la flamme feront à leur plus haut degré de chaleur quand les particules inflammables, mues par le même agent,
feront très-condenfées entr'elles,
fort abondantes, & féparées de
toute matière étrangère qui empêche leur action. Il eft très-impor-
tant de donner quelque attention
à ce principe, dont le développement répandra une grande lumière
fur la caufe générale de la variété
des températures, parce qu'en les
confidérant par les deux extrêmes,

on pourra d'autant plus aisément rendre raison des qualités moyennes qui en tiennent plus ou moins, à proportion de l'éloignement où elles en sont.

Nous avons vu que les régions les plus élevées de la terre, quoique situées dans des climats naturellement chauds, sont exposées au froid le plus rigoureux; tels sont les sommets des Andes, des Alpes, des Pyrénées, de l'Apennin. Sous l'équateur les parties de la même surface du globe, à une hauteur moyenne, jouissent d'une température douce & égale, & celles qui sont au niveau de la mer éprouvent les chaleurs les plus violentes dont cette zone brûlante soit susceptible; tandis que dans la contrée à laquelle on donne le nom de vallée de Quito, qui est à quinze cens toises au-dessus du niveau de la mer, on y respire un air plus pur, plus sain, & d'une température plus égale que dans aucune autre partie du monde; mais cette

vallée eſt environnée de montagnes qui s'élèvent encore à plus de
cinq cens toiſes au-deſſus de ſon
niveau, & c'eſt à ce voiſinage, autant qu'à ſon élévation au-deſſus
de la mer, qu'elle doit la beauté &
la douceur de ſa température. Car
il eſt probable qu'une montagne
iſolée, de la même hauteur que
celle de Quito, quoique ſous l'é-
quateur, ne ſeroit pas plus habitable que le Canigou dans le Rouſ-
fillon, ou le Pic de Midi dans les
Pyrénées, que l'on compte parmi
les plus hautes montagnes de l'Europe, où l'air eſt ſi vif & ſi pénétrant qu'on ne peut pas y habiter,
quoiqu'elles n'aient que quatorze
cens quarante-une toiſes de hauteur
perpendiculaire, c'eſt-à-dire un peu
plus de cinq huitièmes d'une lieüe
commune de France. Les vapeurs
& les exhalaiſons des eaux & de
la terre, dont l'atmoſphère doit
être chargée juſqu'à un certain
point, pour réfléchir les rayons du
ſoleil, & en conſerver la chaleur,

ne peuvent pas s'élever jusqu'aux
sommets de ces Pics, ou n'y arrivent que tellement raréfiées, qu'elles n'ont plus la densité & la pesanteur spécifiques auxquelles on
est habitué dans des régions plus
basses ; & non-seulement la chaleur de l'air diminue à ces hauteurs, mais même celle de l'eau &
des autres liqueurs bouillantes, que
l'on avoit regardée comme invaria-
ble, change suivant que la pesanteur
de l'air diminue ; elle est beaucoup
plus vive lorsque le baromètre est
plus élevé que lorsqu'il est plus
bas. Ainsi on ne peut pas même
exciter, dans ces régions hautes de
l'atmosphère, une chaleur artificielle
aussi forte qu'elle le seroit dans une
région plus basse. On a éprouvé
sur le Pic de Midi, que l'eau qui
y reçoit un moindre degré de chaleur par l'ébullition, n'y est pas également susceptible d'une dilatation
aussi forte que dans une autre position moins élevée ; d'où l'on a
conclu, avec raison, que la glace

qui se forme sur les hauteurs est plus compacte & plus dure que celle qui se forme dans les plus grands froids de l'hiver sur les terres basses, & qu'ainsi le terme où l'air est le plus léger, est celui du plus grand froid (*a*).

On peut déja prendre d'avance une idée des qualités de l'air des terres arctiques & des causes du froid perpétuel qui y règne, parmi lesquelles on doit compter leur grande élévation. Voilà pourquoi les sommets de toutes les montagnes isolées, connues sous le nom de pics, sont inhabitables. Ce n'est pas qu'il n'y ait sur le globe des terres beaucoup plus hautes, mais comme elles s'élèvent insensiblement, elles se trouvent, relativement à la nature de leur sol & à leur latitude, dans une atmosphère dont les qualités ont assez de rapport avec cel-

(*a*) Observations de Physique & d'Histoire Naturelle, par M. de Secondat, *in-12, Paris,* 1750.

les des terres moins élevées, pour
que l'on puiſſe y vivre ſans peine.
Le Jéſuite Verbieſt voyageant dans
le pays des Tartares Mongols, à
quatre-vingt lieues au nord de la
grande muraille de la Chine, vers
la ſource du Kurga-Muran, obſerva
que le terrain étoit plus haut de
trois mille pas géométriques que la
côte maritime la plus proche de
Pékin ; élévation bien ſupérieure
à celle des plus hautes montagnes
de l'Europe & de la vallée de Quito, & qui s'approche de celle de
la Cordilière. Cependant ce pays
eſt habitable & habité dans pluſieurs de ſes parties , parce que
la terre s'élevant inſenſiblement de
la Chine au nord de la grande Tartarie , & ne formant en apparence
qu'une plaine immenſe dont la
température devient plus froide à
meſure qu'on s'éloigne de l'équateur , l'atmoſphère change de qualités dans les mêmes proportions ,
& on s'accoutume à ces variations
en s'avançant dans la Tartarie; ce

que l'on ne peut faire, quand on
paſſe tout d'un coup du niveau de
la mer aux ſommets des hautes
montagnes : nous verrons ailleurs
qu'il en eſt de même de la Suiſſe,
relativement aux pays ſitués ſur
les rivages de la mer Méditerranée. Cependant il faut convenir
que le climat de la grande Tartarie, qui s'étend du quarante-
quatrième au cinquantième degré,
eſt beaucoup plus froid que ceux
de l'Europe qui ſont à la même
latitude ; qu'au milieu de l'été, le
vent du nord y eſt ſi perçant, qu'on
eſt obligé de ſe couvrir ſoigneu-
ſement pendant la nuit pour n'en
être pas incommodé ; qu'il n'eſt
pas rare d'y voir dans cette ſaiſon
de la glace aſſez épaiſſe, ce que
l'on ne peut attribuer qu'à la hauteur du ſol, de même que ces vaſtes déſerts qui ſe trouvent dans
toute cette partie du globe, en tirant de l'orient au nord ; quelques-
uns ſont ſablonneux & tout-à-fait
ſtériles, d'autres ont quelques pâ-

turages où l'herbe est fort abondante & s'élève à plus de deux
pieds, mais elle sèche prompté-
ment, parce que le sol est trop
aride pour la nourrir & la conserver long-temps. Dans tout ce
pays, on ne voit presqu'aucune espèce d'arbres, excepté dans quelques cantons qui se rapprochent davantage de la Chine, où l'on trouve
quelques arbres à fruit autour des
fermes, & des buissons épars dans
la campagne qui n'ont pas plus
d'une pique de haut.

La température de ce pays &
ses productions, quoique dans un
autre hémisphère, ont beaucoup de
rapport avec la température & les
productions des Paramos ou hauteurs moyennes des Andes; ce qui
prouve que par-tout l'élévation des
terres, est la cause première des
qualités de l'air & du sol, du chaud
& du froid, ainsi que nous allons
essayer de l'établir en considérant
les températures diverses relativement à l'action du soleil & au

principe de chaleur que la terre renferme dans son sein.

§. XIX.

Effets du soleil & de la chaleur de la terre, sur l'air des différens climats.

Quelque agréable & douce que soit la température de l'air que l'on respire à Quito & dans les vallées où il est situé ; on éprouve sur le sommet des montagnes voisines, un froid égal à celui des terres polaires. Les académiciens François y ont vu geler l'eau dans les verres sur une table, dans un lieu fermé, où il y avoit un brasier & plusieurs chandelles allumées. Les incommodités que leur causa le froid pendant leurs opérations, ne peuvent être comparées qu'aux extrémités où les Hollandois furent réduits, lorsqu'ils furent forcés de passer l'hiver dans les glaces de la Nouvelle-Zemble :

& peut-être fe garantiroit-on plus difficilement de la rigueur de la température de ces montagnes, fi on étoit obligé d'y paffer autant de temps. Le froid fur les Andes eft fi vif par certains vents, qu'on a vu des voyageurs ne pouvoir fauver leur vie pendant ces tempêtes glaciales, qu'en ouvrant le corps des bêtes de fomme, pour s'enfermer dans leur ventre encore fumant, & conferver un refte de chaleur naturelle prête à s'éteindre. Ce terrain inhabitable s'étend encore à plus de fix cens toifes au-deffus des fommets où les académiciens firent leurs opérations pour la mefure du degré de la terre. C'eft-là, dit-on, que l'on peut trouver encore des hommes & des animaux glacés depuis plus de deux fiècles, & dans la même attitude où le froid les faifit, parce qu'ils crurent pouvoir traverfer en toutes faifons les montagnes qui féparent le Pérou du Bréfil, & n'avoir rien à redouter du froid, au centre de la zone torride.

Ainsi dans un très-petit espace du globe, on peut s'instruire par expérience de tous les degrés du froid & du chaud, éprouver toutes les températures dont l'atmosphère terrestre est susceptible. Ce qui étonne le plus, c'est que dans les régions les plus voisines du soleil, à une élévation où les vapeurs les plus grossières ne peuvent atteindre & intercepter ses rayons, cet astre n'a plus assez d'activité pour entretenir la chaleur naturelle & la vie d'aucun être ; tandis qu'à mesure que l'on descend dans une région de l'atmosphère où l'air est plus grossier & plus pesant, la chaleur vitale se ranime & s'augmente jusqu'à ce que d'un froid extrême, on soit arrivé à une chaleur excessive, qui d'ordinaire ne se fait sentir que sur les terres les plus basses. Ces variations ne sont pas tellement propres aux régions que nous venons de citer en exemple, que souvent on n'éprouve les mêmes vicissitudes dans nos climats tempérés , & les mêmes moyens qui serviront à expliquer les unes, rendront également raison des autres.

On ne doit donc pas regarder le soleil comme le principe immédiat de la chaleur , mais seulement comme le moteur principal qui agit sur les fluides au milieu desquels nous vivons : ainsi le sentiment & l'expérience s'accordent à démontrer qu'à la surface de la terre habitable & habitée , deux causes concourent à produire la chaleur : le soleil & les fluides qui environnent les corps & les pénètrent ; le premier comme agent , les seconds comme instrumens. Mais quand nous nous trouvons à une élévation où ces fluides sont raréfiés au point de pouvoir être regardés comme une matière éthérée, lumineuse, & si ténue , qu'elle nous pénètre avec une entière liberté & sans que notre substance lui fasse aucun obstacle ; le soleil a beau remuer ce fluide trop subtil , il ne peut

exciter

exciter au dedans de nous ces mouvemens inteſtins des liqueurs, ces
vibrations, ces épanouiſſemens des
ſolides, d'où réſulte la ſenſation
de la chaleur ; l'action combinée
du ſoleil & de l'air ſera ſuivie
d'un effet tout contraire : les fluides dépouillés de la matière ſubtile
qui entretenoit leur mouvement,
ſe coagulent & acquierent la denſité des ſolides, enfin les corps ſe
durciſſent par les mêmes cauſes
que l'eau, quand elle ſe change en
glace.

Ce n'eſt donc que dans une région moins haute de l'atmoſphère,
dans un air aſſez épais pour opérer
dans nous & ſur nous ces mouvemens ſalutaires, que le ſoleil
trouvera l'inſtrument propre à nous
échauffer ; plus la denſité de ce
milieu ſera grande, plus la chaleur ſera ſenſible, elle peut même
être portée à l'extrême : ſes effets
deviennent nuiſibles & quelquefois
mortels, ainſi qu'on l'éprouve par
certains vents qui condenſent ce

milieu, en Arabie & dans quelques climats des Indes orientales. Le royaume de Golkonde jouit d'une température fort saine, il a son été dans les mois de Mars, Avril, Mai & Juin : non-seulement l'approche du soleil y cause une chaleur très-vive, mais le vent même qui sembleroit devoir la tempérer, l'augmente à l'excès. Il y règne ordinairement vers le milieu de Mai, un vent d'ouest qui échauffe plus l'air que le soleil : dans les maisons les mieux fermées, le bois des chaises & des tables devient si ardent qu'on n'ose le toucher, on est obligé de jetter continuellement de l'eau sur le plancher & sur les meubles : cette ardeur excessive ne dure que six ou sept heures, depuis environ neuf heures du matin, jusqu'à quatre heures après midi, & ceux qui ont la témérité de voyager alors, font souvent étouffés dans leurs palanquins : il s'élève ensuite un vent frais qui tempère agréablement cette chaleur. La cause de

ce phénomène est suffisamment ex-
pliquée par les principes que nous
avons établis plus haut.

Mais ce n'est qu'à la surface de
la terre où ces variations sont sensibles & ont tant d'effets sur les
corps : au-dessous, à une profondeur où l'action du soleil cesse, on
est à l'abri des vicissitudes intro-
duites par cet agent : la température y est uniforme toute l'année,
& si le thermomètre y a éprouvé
quelques variations en hiver ou en
été, c'est qu'il avoit quelque communication avec l'air extérieur.
Dans les caves de l'Observatoire
de Paris, qui n'ont que quatorze
toises de profondeur, au - dessous
du rez-de-chaussée, la liqueur du
thermomètre se soutient pendant
toute l'année à la même hauteur,
au degré auquel on fixe la chaleur
moyenne de notre climat. Il ne
faut donc pas pénétrer bien avant
dans l'intérieur du globe pour y
trouver une chaleur constante &
qui ne varie plus. Cette première

expérience me paroît suffire pour persuader que cette chaleur est occasionnée par le feu interne, qui tient à la structure même de la terre. Si on pénètre plus avant, il ne devient que plus sensible, même dans les souterrains les plus profonds ; ce qui a déterminé d'habiles observateurs , entr'autres le sçavant M. Boyle , à établir différentes régions dans l'épaisseur du globe , distinguées entr'elles par les degrés de chaleur que l'on y éprouve (*a*).

Les vapeurs qui sortent par les orifices des mines de sel de Viluska en Pologne , à deux lieues de Cracovie , sont même en été plus chaudes que l'air extérieur ; quoiqu'elles ne s'élèvent pas du fond de ces mines , qui sont peut-être les plus profondes que l'on connoisse & où la chaleur devroit être excessive ; car ceux que la

------

(*a*) *De temperie subterranearum regionum.*

curiosité y a conduits, ne se font
jamais plaint de son excès; il ne
faut pas même en renouveller l'air,
comme dans la plupart des autres
mines; on y est dans une température toujours égale, ce que l'on
doit attribuer à la quantité de corpuscules salins, qui se mêlent dans
l'atmosphère & conservent la salubrité de l'air. Dans les autres
mines, plus on y descend profon-
dement & plus le chaud augmente; pendant les mois de Juillet &
d'Août, où les souterrains ordinaires nous paroissent si froids, on
éprouve une chaleur si vive dans
ces mines, à trois cens toises de
profondeur, que les ouvriers sont
obligés d'y travailler presque nuds.
Dans les mines de Suède, on n'est
parvenu à y rendre la chaleur supportable & à y conserver un air que
l'on put respirer, que par le moyen
des ventilateuts qui le renouvellent & le rafraîchissent; on a pris
les mêmes précautions dans les
mines de charbon d'Angleterre. Ce

X iij

phénomène que l'on n'éprouve que dans les souterrains les plus profonds, n'est-il pas plutôt l'effet des vapeurs sulfureuses, ou des feux réels qui s'y allument par le conflict de l'air & de quelqu'autres causes locales, d'ordinaire passagères, que d'une trop grande abondance du fluide ignée terrestre, qui doit être par-tout à peu près la même, excepté dans les endroits où il se trouve une plus grande quantité de matières inflammables soumises à son action : ce qui forme les volcans & les autres phénomènes de ce genre, qui manifestent d'une manière souvent effrayante & très-nuisible, la présence de ce feu ordinairement caché ; ainsi que nous l'expliquerons dans la suite de cette histoire.

Les eaux même de la mer ne conservent leur fluidité, à cette profondeur immense qu'on leur doit supposer, plutôt qu'on ne la connoît, que par les émanations de ce feu interne qui sortent continuel-

lement du fond de leur lit & se
dispersent dans toute leur masse :
c'est le principe général de leur
chaleur & de leur mouvement, auquel on peut joindre les volcans
dispersés dans le bassin de la mer,
comme à la surface de la terre,
dont les éruptions s'annoncent par
la formation subite des nouveaux
écueils, par la naissance des isles
fumantes, par les trombes marines
qui ne sont qu'une suite de ces
éruptions moins complettes, & enfin par ces bouillonnemens que
l'on remarque assez communément
à la surface de la mer & des lacs
les plus profonds; soit qu'ils soient
excités par un feu local & véhé-
ment, soit qu'ils ne viennent que
des eaux plus chaudes de la partie
inférieure de la mer qui s'élèvent
en raison de leur légèreté, & se
mêlent sans cesse avec celles de la
surface (a).

______

(a) *Voyez* la Dissertation sur la formation de la glace, par M. de Mairan, *pag.* 1,
chap. 10.

X iv

Il est d'autant plus nécessaire d'admettre les émanations continuelles de ce feu intérieur dans le fond de la mer, que l'on ne conçoit pas autrement, comment cette masse d'eau que les rayons du soleil n'échauffent qu'à peu de distance de sa surface, conserveroit sa fluidité jusqu'au fond des gouffres profonds, qui servent de retraite à ces poissons d'une grosseur énorme, dont les mers du nord sont peuplées, & une température assez douce pour qu'ils puissent y vivre & prendre un accroissement aussi prodigieux. Le froid de l'air extérieur, gelant à une profondeur considérable les mers du Groenland & de la Nouvelle-Zemble, souvent jusqu'à la hauteur de vingt à trente pieds, & le soleil n'ayant dans ces régions jamais assez d'activité pour dissoudre par sa chaleur des glaces aussi épaisses; insensiblement l'eau de toutes ces mers ne formeroit plus qu'une masse solide de glace, qui en occuperoit toute la profondeur, si les émanations ignées qui s'élèvent du fond de ces mers, ne contribuoient plus à la liquéfaction de ces glaces, que l'air extérieur échauffé par le soleil. Il est même à présumer que ce feu est plus actif & plus abondant au fond des mers qui environnent les terres polaires, que dans aucune autre région; que leur température inférieure est plus douce & plus favorable qu'aucune autre au développement & à l'accroissement de ces grands poissons, qui ne naissent & ne se nourrissent que dans ces mers.

Ainsi les observations & les faits nous démontrent que dans l'atmosphère où nous vivons, dans l'intérieur de la terre & au fond des mers les plus profondes où l'action du soleil est nulle, il existe un fluide actif gradué comme le chaud qu'il produit, qui circule de la circonférence au centre commun de l'atmosphère & de la terre, & qui devient d'autant plus dense que

X v

fes couches fe rapprochent davantage de ce centre commun. Ce fluide combiné avec l'action variée du foleil, produit, par rapport à nous, les diverfes températures des faifons & des climats à la furface de la terre : laiffé à fa feule puiffance dans l'intérieur du globe & dans la profondeur des mers, il y conferve une chaleur uniforme & graduée.

C'eft une loi connue dans le fyftême de l'univers & dans celui de la formation de tous les corps, que leurs matériaux ont d'autant plus de denfité qu'ils s'approchent davantage du centre du tourbillon : c'eft à cette denfité & à la réunion des parties homogènes, que les êtres divers, quels qu'ils foient, doivent leur exiftence & leur durée. Par une fuite naturelle & néceffaire de cette loi générale, le fluide actif, caufe de la chaleur, devient d'autant plus denfe & plus puiffant, qu'il eft plus près du centre de la terre ; & au contraire d'autant plus foible, qu'il en est plus éloigné.

Ce principe admis, on rendra aisément raison du grand froid des Andes, dans l'atmosphère desquelles ce fluide se trouve en trop petite quantité & trop raréfié, pour qu'il se fasse sentir : de la température délicieuse des vallées de Quito, où, plus que dans aucun autre lieu de la terre, ce fluide est dans cette densité & cette quantité moyennes, propres à exciter dans l'organisation animale, les sensations les plus favorables & le développement le plus heureux : de la chaleur extrême de la partie de cette zone, située au niveau de la mer, où ce même fluide est plus abondant & plus condensé ; températures différentes & toujours les mêmes, qui ne sont pas aussi constantes dans nos climats, mais que nous éprouvons par intervalles & sans doute par les mêmes causes.

Considérant ensuite ce fluide seul & séquestré dans les entrailles

de la terre, & dans le fond des mers,
privé de toute communication avec
les rayons du ſoleil, nous y trouvons les cauſes de la chaleur ſou-
terraine, dont la gradation eſt pro-
portionnelle à la denſité & au mouvement du fluide, plus conſidérable à meſure qu'il s'approche davantage du centre de la terre ; dans
le ſein de laquelle il entretient la
circulation des vapeurs & des exhalaiſons ; il fait naître les vents ; il
allume à diverſes profondeurs, par
la fermentation qu'il excite dans
les matières inflammables, les feux
ſouterrains & cachés, ſenſibles par
le mouvement extraordinaire qu'ils
communiquent à certaines parties
du globe, les révolutions qu'ils y
produiſent & les volcans dont on
recherchoit autréfois la cauſe dans
un feu central, fixe & permanent,
& non dans un agent répandu dans
toute la maſſe du globe.

En ſuivant ce même principe,
on conçoit pourquoi les régions
les plus ſeptentrionales, telles que

la Norvège, la Finlande, la Laponie, les côtes du détroit de Weigatz, le Spitzberg & les terres de l'Amérique tout-à-fait au nord, qui par leur éloignement du soleil, l'abondance de leurs eaux, leurs glaces & leurs épaisses forêts, devroient, même dans le temps du solstice d'été, souffrir des froids encore plus cuisans que ceux de nos hivers, ont cependant des étés à peu près aussi chauds que les nôtres. La terre applatie vers les poles, rapproche davantage ces climats du centre, & les met dans une couche plus dense & plus puissante du fluide actif & pénétrant qui fait la chaleur. Dans cette saison la longueur des jours de ces climats, donne au soleil le temps de conserver ce fluide dans un mouvement qui produit des effets rapides, plus sensibles même que dans des régions plus tempérées, sur-tout par rapport à la végétation. Il en résulte encore des phénomènes qui sont particuliers aux régions du nord : la force de ce fluide unie avec l'action constante du soleil, n'en demeure pas toujours à la chaleur, qui par-tout est son effet ordinaire, elle est quelquefois poussée jusqu'à causer une inflammation spontanée, dans les matières qui en sont susceptibles.

Les Académiciens envoyés au nord pour déterminer la figure de la terre, racontent que le 19 Août 1736, le feu prit de lui-même dans les forêts d'Horilakero en Laponie. « Dans un temps sec, comme il » faisoit alors, le feu prend sou- » vent dans les montagnes de ce » pays, embrase les mousses sèches, » se communique ainsi dans un » instant & s'étend prodigieuse- » ment. Il est quelquefois trois se- » maines sans s'éteindre. Les vents » portent la fumée de ces feux jus- » ques sur le golfe de Bothnie : elle » est si épaisse qu'elle dérobe aux » navigateurs la connoissance de » leur route, & les fait échouer » sur les écueils qu'ils ne peuvent

» découvrir, tant l'obscurité est gran-
» de (*a*) ». Ces incendies s'allument donc à la suite des chaleurs
étonnantes des étés du nord, parce
qu'alors les émanations du fluide
ignée terrestre, fortement agitées
par les rayons du soleil, qui n'ont
cessé d'agir sur elles pendant un
assez long espace de temps, l'été
de ces climats n'étant, pour ainsi
dire, qu'un jour continuel, sont
dans leur plus grande activité : n'est-
ce pas encore une des raisons qui
rendent les incendies si fréquens
& si désastreux dans ces régions ?
Je me réserve de parler plus au
long & dans un article séparé, des
phénomènes de ce genre, produits
par le fluide ignée terrestre.

Par la raison contraire, la zone
torride, toute brûlante qu'elle est,
n'a pas, à beaucoup près, un degré de chaleur proportionné à sa
situation sous le soleil ; elle est plus

(*a*) Voyage au Nord, *tom.* 1.

incommodée par sa continuité que par son intensité. Dans la plupart de ces climats ardens, les nuits & les matinées ne sont pas fraîches comme en Europe, le thermomètre s'y soutient presque toujours au même degré. On sçait par diverses observations faites entre les tropiques & sous la ligne, pendant quatorze mois de suite, que l'on n'y a eu aucun jour aussi chaud que ceux que l'on éprouve en France, dans quelques étés. Au Sénégal, qui est au seizième degré de latitude nord, où la force des rayons du soleil est redoublée par les exhalaisons brûlantes qui sortent d'un sol naturellement aride, la chaleur ordinaire n'est que de huit degrés au-dessus de celle que nous ressentons communément en été.

La cause en est que la surface de la terre à l'équateur étant d'environ huit lieues plus élevée que sous les poles, elle se trouve dans une région de l'atmosphère très-haute, & dès-lors dans une couche de la

sphère du fluide ignée terreftre fi
peu denfe, que la plus grande action du foleil ne peut lui communiquer qu'une action & une chaleur
médiocres ; & fi par l'interpofition
de quelque corps opaque ou l'incruf-
tation fuppofée par M. de Fonte-
nelle, le foleil ceffant de darder fes
rayons fur le globe que nous habitons, la terre fe trouvoit abandonnée
à fa feule chaleur naturelle, la zone
torride deviendroit la plus froide de
toutes, & les zones polaires les plus
témpérées ou les moins froides du
monde ; parce que dans un air auffi
fubtil que celui de la Cordilière
ou des plus hautes montagnes de
l'ancien continent, ce n'eft pas la
denfité de l'air ou l'engourdiffe-
ment du fluide ignée, qui produifent le froid exceffif que l'on y
reffent, c'eft plutôt l'abfence de
ce fluide. Ainfi quoique le froid
ait dans ces climats les mêmes
effets, qu'il occafionne à peu près
les mêmes fenfations que dans les
terres polaires, fa caufe eft diffé-

rente. Le froid des régions septentrionales vient du contact d'un air
denfe, qui n'eft pas dépouillé d'une
quantité fuffifante de matière de
feu, mais où elle eft comme engourdie & privée du mouvement
qui la rend fenfible & qui fait la
chaleur, parce que le foleil n'agit
pas affez puiffamment fur les vapeurs entre lefquelles elle eft ref-
ferrée, pour occafionner fon développement & fon action. La matière ignée refte donc au moins en
partie dans l'atmofphère épaiffe
qui nous environne pendant l'hiver, au lieu qu'elle eft portée à un
fi grand degré de raréfaction dans
l'air fubtil du fommet des Andes,
qu'elle s'échappe de tous les corps
dont elle entretenoit le mouvement
& la chaleur : l'eau s'y glace très-
promptement ; toutes les fubftances s'y durciffent & perdent tout
principe d'activité & de reffort,
au point qu'elles reftent, comme
nous l'avons dit, dans l'état où elles
fe trouvent au moment où le mou-

vement & la chaleur cessent, par
la raréfaction entière de la matière
qui les entretenoit. Or, cette espèce de condensation ou de congélation est particulière à la température des parties les plus élevées
des Andes ; elle a des causes différentes du froid excessif & des con-
crétions qui se font aux terres arctiques, ainsi que nous l'expliquerons dans la suite.

Mais quoique la terre contienne
dans son sein un feu intérieur &
un fond de chaleur, indépendant
de la vicissitude des saisons, qui
surpasse de beaucoup la chaleur qui
peut lui être communiquée par les
rayons du soleil ; il ne restera pas
moins certain que par rapport à
nous qui habitons la surface du
globe, c'est la distance ou la proximité de cet astre qui produisent
les alternatives de chaud & de froid
que l'on éprouve dans les diverses
saisons de l'année. La position obli-
que ou désavantageuse des surfaces
qui reçoivent ses rayons, l'inter-

poſition des vapeurs accumulées, ou d'une atmoſphère épaiſſe & profonde, qui arrêtent ces mêmes rayons & nous privent de leurs effets, ſont des cauſes accidentelles qui ſouvent font obſtacle à la cauſe générale; ce ſont elles qui entretiennent cet hiver preſque continuel, qui tient lés terres arctiques enchaînées ſous ſes glaces, & dont nous ne reſſentons que trop longtemps, dans nos provinces ſeptentrionales, les rigoureuſes atteintes.

Que devient donc pendant cette triſte ſaiſon, ce feu interne & toujours ſubſiſtant, qui ne ceſſe d'animer le ſein de la terre & que nous avons vu produire des effets ſi marqués à ſa ſurface? Il eſt arrêté par une condenſation extraordinaire, qui, reſſerrant la couche extérieure de la terre, empêche les émanations du fluide ignée, qui ſe faiſoient d'une manière ſi ſenſible, lorſque l'action du ſoleil entretenoit le mouvement dans ces parties ſur leſquelles il n'agit plus,

ou si foiblement, que son action
peut être regardée comme nulle.
Pendant l'hiver les molécules salines & nitreuses dont l'atmosphère
est alors plus chargée que dans aucune autre saison, pénétrent, en
vertu de leur configuration, dans
tous les corps qu'elles font très-
propres à resserrer & à durcir : le
phlogistique n'étant plus assez actif
pour émousser leurs pointes & leurs
angles, elles parviennent à l'enve-
lopper de façon, qu'il n'a plus ni
force ni action pour entretenir le
cours des liquides, la souplesse des
corps & le mouvement général de
la Nature, qui se trouve arrêté tout
d'un coup, à une profondeur d'autant plus grande, que ces corpuscules font plus abondans, & qu'ils
trouvent moins de résistance dans
l'état actuel de l'air & de la terre :
parce qu'à mesure que la chaleur diminue, le mouvement de tourbillon
qui les emportoit avec les exhalaisons sulfureuses & les autres matières inflammables, se ralentit jus-

qu'à ce qu'il ne soit presque plus sensible. Alors ces corpuscules n'ayant plus d'autre direction que celle qu'ils reçoivent de leur poids & de leur configuration, ils pénètrent comme autant de coins dans les pores de tous les corps, ils resserrent & rapprochent leurs parties intégrantes, au point d'arrêter totalement le cours du fluide ignée qui les animoit : de-là on peut concevoir la cause de la sensation douloureuse que le froid excite d'abord en nous ; elle est suivie par une sorte d'insensibilité qui annonce la cessation totale du mouvement, ou son interruption dans les parties les plus exposées à l'action de l'air extérieur.

Cette modification de l'atmosphère , cause les gelées presque continuelles du nord , & ces énormes montagnes de glace que l'on trouve dans les mers des zones glaciales , dont nous parlerons incessamment , d'après les observations des navigateurs qui les ont le mieux

connues. Quant aux climats que
nous habitons, on peut attribuer
la caufe du froid que l'on y reffent, non-feulement à l'éloignement du foleil., mais encore à la
fuppreffion des vapeurs qui s'élèvent du fein de la terre. Qu'elles
foient interceptées en tout ou en
partie, moins abondantes ou moins
chaudes ; la chaleur dont étoit pénétrée la région inférieure de l'at-
mofphére, diminue en proportion,
& la furface de la terre fe refroidit d'autant. Alors l'air dans lequel
nous vivons, dépouillé de fon phlogiftique, fe trouve dans cet état
de condenfation & de pefanteur,
qui eft d'autant plus fenfible aux
corps expofés à fon action, que
les fels & les nitres tendent continuellement à augmenter cette difpofition, non-feulement dans le
fluide de l'air, mais dans toutes
les fubftances qu'ils attaquent de
tous les côtés. Le froid établi fur
la furface de la terre, en refferre
les pores, il arrête, ou tout au

moins il diminue confidérablement les émanations du fluide ignée ter-reftre. Ces deux effets qui deviennent caufes, compliqués enfemble, font fuivis de la gelée, qui eft d'autant plus forte qu'ils fubfiftent plus long-temps, & que les autres circonftances tirées du climat, de la faifon, des vents & du fol, y contribuent : cette gelée dure jufqu'à ce que de nouvelles caufes internes ou exter-nes, ne rompent l'accord des pre-mieres & n'en changent les effets. Les hivers les plus rigoureux & les plus longs, font ceux où la tem-pérature eft à peu près la même ; après que la furface de la terre a été durcie à une grande profondeur, par une forte gelée, les caufes ex-térieures la changent d'autant plus. difficilement, qu'elles ne font pas fecondées par les effluences du feu interne, concentré dans le fein de la terre. Ces caufes qui mettent d'abord un léger changement dans l'atmofphère, ne confervent pas long-temps leur activité ; elles font

bientôt

bientôt furmontées par la difpofition dominante de l'air, & la douceur paffagère qu'elles y avoient
répandue, ne fert qu'à rendre plus
infupportable la rigueur du froid
qui lui fuccède, ainfi que nous l'é-
prouvons très-fouvent.

A l'égard des climats extrêmes,
foit pour le froid, foit pour le
chaud, les caufes de l'un ou de
l'autre abforbent fouvent celles que
nous leur avons affignées par rapport à nous, ou les empêchent de
paroître, quoiqu'elles foient par-
tout les mêmes : à moins que d'autres caufes locales & particulières
ne les décèlent ou n'en montrent
vifiblement la fuppreffion ; comme
nous l'avons déja remarqué, en parlant des montagnes du Pérou, &
comme nous l'obferverons relativement à d'autres régions fort éloignées, & fur-tout aux terres polaires.

On ne doit cependant pas regarder le froid ou l'état d'inertie,
comme une qualité propre à cer-

Tome II.   Y

tains corps & à quelques contrées
de la terre. Le froid n'est que le
défaut de la chaleur ou du mouvement, & dès-lors il n'est plus qu'une
privation ; comme la chaleur consiste dans le mouvement des parties, leur repos qui n'est que la
cessation de ce mouvement, produit le froid par manière de privation. Ce qui porte à croire que
dans certaines positions, la surface
de l'eau n'étant plus agitée par les
rayons du soleil, ne recevant plus
des courans qui l'avoisinent, cette
impulsion qui facilitoit le mouvement de la matière ignée qui
entretenoit sa fluidité, ses parties,
pourroient se rapprocher & se con-
denser au point d'acquérir la solidité des corps les plus durs & de
se former en glace ; mais ce n'est
pas un état fixe & permanent, le
mouvement étant rétabli, la matière ignée pouvant agir, l'eau reprend sa fluidité ordinaire, & les
corps leur souplesse ; ce qui prouve
qu'il n'y a dans le Nature aucune

caufe pofitive de froid, parce qu'il
n'y a point de corps qui ne puiffe
s'échauffer & reprendre le mouvement qui n'a été qu'interrompu. Les
corps les plus froids au fentiment,
confervent toujours un principe interne de chaleur : ce que nous appellons froid, n'eft donc proprement
qu'une chaleur portée au dernier
degré d'affoibliffement, mais qui
cependant a encore quelque effet,
puifque les eaux les plus refroidies
& au moment de la congélation,
la glace même, confervent quelque
mouvement intérieur; les vapeurs
qui s'en élèvent continuellement
& les brouillards dont les glaces
du nord font couvertes & qui en
fortent, en font la preuve.

On ne doit donc pas être étonné de trouver des habitans dans
les contrées du nord où le froid
eft le plus rigoureux. Accoutumés
à cette température, leurs corps
font endurcis contre les effets de
l'air extérieur, fouvent mortel pour
ceux qui font nés fous un autre

Y ij

climat : s'ils sont privés long-temps
de la présence du soleil, ils sçavent trouver dans des souterrains
profonds, une chaleur qu'ils ne peuvent espérer de l'action de cet astre. Leurs habillemens, leurs nourritures, les exercices violens auxquels ils sont habitués, contribuent
à entretenir en eux le principe du
mouvement & de la vie, & à rendre de nul effet, par rapport à eux,
des causes trop actives pour des
hommes qui s'y trouveroient exposés, sans s'y être accoutumés par
degrés. On sçait par expérience
qu'il n'y a que les habitans des
zones tempérées qui puissent sup-
porter également les excès de la
chaleur & du froid, parce que la
variété des températures de l'air
qu'ils respirent, leur fait ressentir
alternativement les chaleurs de la
ligne & le froid des zones glaciales, tandis qu'un Péruvien ne ré-
sisteroit pas mieux au froid de Tor-
néo, qu'un Lapon aux chaleurs de
Lima. D'ailleurs, comme des cau-

fes locales & naturelles diminuent l'intenfité du froid, des caufes artificielles peuvent avoir le même effet, il ne s'agit que de les employer à propos. Cependant il faut convenir que le froid eft deftructeur, fur-tout de l'humanité; on ne peut pas concevoir autrement l'effet des caufes que nous lui avons affignées. Quelle différence du fpectacle de la Nature fous la zone glaciale & dans les terres polaires, avec celui qui fe préfente fous la ligne & entre les tropiques. Ici la Nature, dans toute fa force, déploie des richeffes immenfes, une fertilité inconcevable, un mouvement continuel, une douceur, des agrémens, une gaieté qui ne ceffent jamais. Là elle femble expirante : des rochers nuds & ftériles, des glaces entaffées les unes fur les autres, des montagnes de neiges éternelles, laiffent à peine quelques intervalles, où la végétation puiffe fe développer, où le mouvement fe faffe fentir, où la terre

ouvre fon fein à un travail pénible, pendant un court intervalle;
encore que fournit-elle au Lapon,
au Groenlandois, à l'habitant de
la Nouvelle-Zemble, fi elle en a?
La chaffe & la pêche les occupent plus dans la faifon où ils
ofent paroître à la furface des climats rigoureux qu'ils habitent,
que le foin de tirer d'un fol dur
& ingrat quelques productions qui
tiennent de fa nature : ils ne con-
noiffent pas ces fruits agréables &
fains, auxquels nous fommes accoutumés; peut-être n'auroient-ils
aucun agrément pour leurs organes groffiers; car ils fe plaifent tellement dans les pays qui les ont
vu naître, qu'on ne peut les en
arracher, & ils préfèrent leurs horribles habitations aux côtes déli-
cieufes du royaume de Naples, &
à la température admirable de la
vallée de Quito.

Ce font donc les climats fitués fous
la zone glaciale que nous allons
comparer aux plus riches contrées

des Indes & de l'Amérique. En mettant ainsi les extrêmes en opposition, nous jugerons plus exactement des qualités du milieu qui les sépare.

Fin du Tome second.

TABLE
DES MATIERES
DU TOME SECOND.

A

B

C

D

O

Q

R

S

T

Fin de la Table du Tome second.

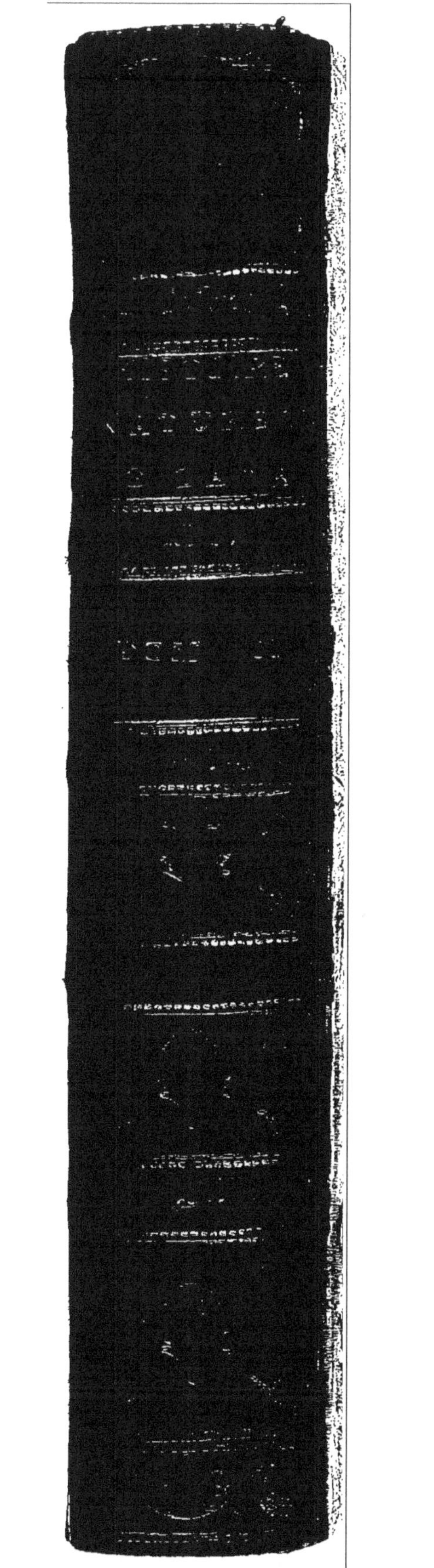